目　次

はじめに

一般的な**証拠保全**の概念としては、「**民事訴訟／刑事訴訟の裁判等に用いる証拠を事前に確保すること**」と表すことができ、日本の国内法においては民事訴訟法第234条(注1)と刑事訴訟法第179条(注2)に、それぞれ証拠保全に係る条文が掲げられています。

では、**デジタル・フォレンジック**における証拠保全とは何を指すのでしょうか。

フォレンジック調査の実質的な対象は、パソコンのハードディスクやUSBメモリ等の電子記録機器媒体に保存されているデジタルデータとなりますが、それら**デジタルデータの複製を作成し、その時点のデジタルデータの状態を確保（固定化）すること**が、デジタル・フォレンジックにおける証拠保全であり、簡単な言葉で表現するならば「**データのコピーである**」ともいえます。

しかし、デジタル・フォレンジックにおける証拠保全では、「デジタルデータの入れ物」としてのパソコン等の取扱いも十分に考慮する必要もあり、単なるデータコピー作業として捉えてしまってはなりません。なぜならば、**デジタルデータは元の状態を維持／保持することが非常に困難であり、些細なことで変化してしまう特徴を持っている**からです。そしてその特徴は、デジタルデータの証拠としての価値を一瞬にして奪ってしまうことにもつながりかねないのです。

本書では、デジタル・フォレンジックにおける証拠保全の基礎的な知識について、フォレンジック作業を網羅的に踏まえた観点も交え解説します。

（注1）**民事訴訟法第234条**
裁判所は、あらかじめ証拠調べをしておかなければその証拠を使用することが困難となる事情があると認めるときは、申立てにより、この章の規定に従い、証拠調べをすることができる。

（注2）**刑事訴訟法第179条**
被告人、被疑者又は弁護人は、あらかじめ証拠を保全しておかなければその証拠を使用することが困難な事情があるときは、第一回の公判期日前に限り、裁判官に押収、捜索、検証、証人の尋問又は鑑定の処分を請求することができる。

1 デジタル・フォレンジックの概要

デジタル・フォレンジックとは、**コンピュータ等の電子記録機器媒体に残されたデジタルデータや様々な情報から、証拠や痕跡（若しくはそれとなり得るもの）を探し出し、事件や事故等の原因解明や解決のために用いられる調査／捜査手法**の一つです。

デジタル・フォレンジックが用いられる事案には、サイバー犯罪はもちろんのこと、米国訴訟制度のディスカバリ手続におけるeディスカバリと呼ばれるデジタルデータ開示作業、M&Aの際のデューデリジェンス（Due Diligence）、企業内不正調査やウィルス感染等のセキュリティインシデント調査等、その適用範囲は民事／刑事問わず広範に渡っています。

また、コンピュータの普及に合わせ、企業活動においてこれまで紙媒体で取り扱われていた情報のデジタルデータ化が急速に進んだことに加え、電子メールやSNS等による通信（連絡）手段やコミュニケーション方法の変化、インターネットバンキングやインターネット販売等の各サービスの提供形態の変化による、コンピュータの利用範囲の広範化、利用機会の増大、情報の共有化の進展に伴い、その使用方法に高度な専門性を有することは必須ではなくなっています。

このような背景から、事件／事故の加害（その可能性のある）者と被害（その可能性のある）者、又はこれら両者の関係者が所有（保有）するコンピュータをはじめとした、電子記録機器媒体に保存されているデジタルデータや情報が、ビジネスシーンやプライベートシーンでの使用用途にかかわらず、デジタル・フォレンジックの対象となり得る現状となっていますが、対象範囲の広範化や多様化に伴い、デジタル・フォレンジック作業従事者が持つべき知識や技術も広範化の傾向にあり、コンピュータに関する知識や技術だけではなく、ネットワークや情報セキュリティに加え、デジタル・フォレンジック作業全般に適用され得る法的な知識も求められる傾向にあります。

1.1 デジタル・フォレンジックの目的

デジタル・フォレンジックの目的は、コンピュータ等の電子記録機器媒体に残された様々な情報やデータから証拠や痕跡を探し出し、「事件／事故を解明、解決する」というものになりますが、その観点には以下の３つが挙げられます。

- 加害側の直接対象であることの事実解明
- 被害側の直接対象であることの事実解明
- 加害／被害の間接的事実が含まれていることの事実解明

しかし、昨今のコンピュータでは、その仕組みの変化や企業内でのセキュリティポリシー運用上の理由から、データや情報が残りにくくなってきていることに加え、データ削除に代表される証拠の隠滅や隠蔽手法の複雑化／高度化に伴い、様々な手法が用いられるようになっています。

その結果、直接的な事実解明という目的を達成することが困難となり、間接的事実の解明や発見にとどまる事案が多くなってきているともいわれています。

1.2 デジタル・フォレンジックの分類

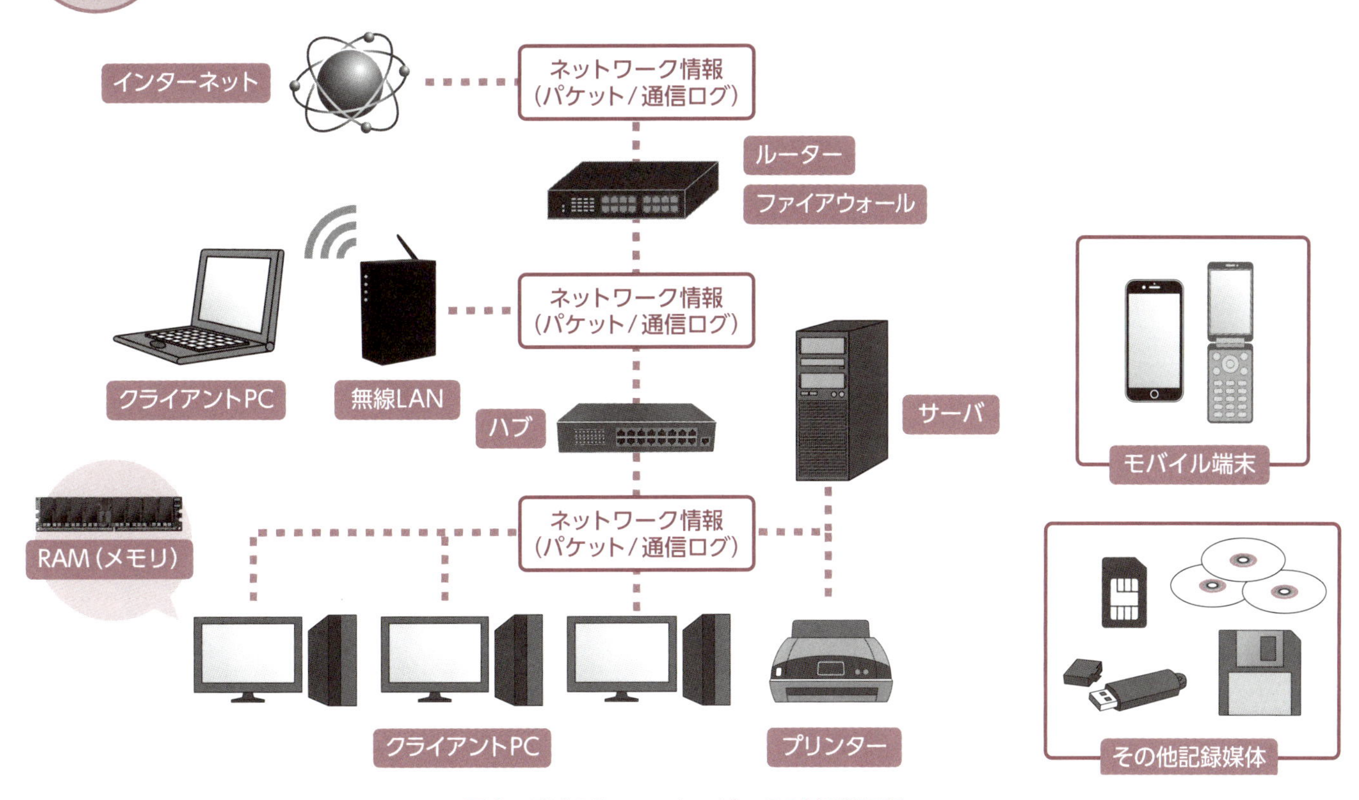

図１　デジタル・フォレンジックの対応範囲例

図1は、デジタル・フォレンジックの対応範囲例を簡単に記したものになりますが、その対象となる機器媒体や対象範囲の種類から、以下のように大別することができます。

コンピュータ・フォレンジック	**ディスク・フォレンジック**とも呼ばれ、コンピュータ内のハードディスクや、USBメモリ等、電子記録機器媒体に格納されているデジタルデータの取得／解析を行います。
ネットワーク・フォレンジック	ネットワーク上のパケットデータや、各種ネットワーク機器が残す通信ログの取得／解析を行います。
メモリ・フォレンジック	稼働中コンピュータのメモリ上に展開されている情報の、取得／解析を行います。
ライブ・フォレンジック	稼働中コンピュータからでなければ取得できないデータや情報に対する解析のことを指し、稼働中コンピュータに対しリアルタイムでのデータ取得や解析を行います。 実施例の代表的なものとして、以下のものが挙げられます。 ● 運用上、パソコンの電源オフが行えない場合。 ● 不正アクセスやウィルス活動等、パソコンの電源をオフにしてしまうと消失してしまう挙動が調査対象となる場合。 ● ディスクやファイル暗号により、OS起動中でなければ復号化（平文化）状態でのデータハンドリングが行えない場合。
ファスト・フォレンジック	ハードディスク容量増大や調査対象機器個体数の増加による調査対象データ量増加に伴い、調査時間も拡大傾向にあるため、調査や事象切り分けに最低限必要なデータを抽出し解析を行います。
モバイル・フォレンジック	携帯電話やスマートフォンに代表される、モバイル端末データの取得／解析を行います。

このように大別されるデジタル・フォレンジックですが、事案によってどのフォレンジックが必要であるかはケースバイケースであり、複数のフォレンジックを適用し、網羅的な調査が必要な事案が増えてきているともいわれています。

1.3 デジタル・フォレンジックの作業フロー

デジタル・フォレンジック作業は、**図 2** に示す 5 つの作業フローに分類することができますが、デジタル・フォレンジックにおける証拠保全は、その作業工程に至るまでの**初動対応や押収／回収作業の結果**に、大きく左右される側面があります。

そのため、初動対応や押収／回収作業の段階から細心の注意を配り、証拠保全作業との関連性を意識した取組が必要とされますが、最も留意しなければならないことは、**「変化しやすい」というデジタルデータの特徴を、十分に理解した行動**を取るということです。また、デジタルデータが格納（保存）されているパソコン等は電子機器／精密機器であるため、それら**機器類の特徴を考慮した行動**も求められます。

図 2　デジタル・フォレンジックの作業フロー

デジタルデータの呼称

本書で用いている「デジタルデータ」という表現には、同じ意味を表すものとして「電子データ」、「電子ファイル」、「デジタル情報」と表されることもありますが、日本国内における法的な観点では、「電磁的記録」という表現が用いられることがあります。

これは刑法第 7 条の 2 に、「この法律において「電磁的記録」とは、電子的方式、磁気的方式その他人の知覚によっては認識することができない方式で作られる記録であって、電子計算機による情報処理の用に供されるものをいう。」と規定されているためであると考えられますが、「電磁的記録」と言われてもピンとこないですよね。

2 証拠としてのデジタルデータ

フォレンジック調査により、ある事実が判明した場合や特定／推定が可能であった場合、その調査結果とするに至ったデジタルデータが、**証拠（若しくは証拠となり得るもの）**として取り扱われることとなります。しかし、デジタルデータそのものは**有体物**としては存在するものではないため、これまでの法廷の場における物的証拠と同様の有体物としての取扱いは不可能です。

また、デジタルデータが格納（保存）されているパソコンやUSBメモリ等の**電子記録機器媒体**そのものを証拠の原本として裁判所に提出したとしても、それを基に裁判官や裁判員が事実認定を行うことは、現実的には不可能なのではないでしょうか。

そのため、裁判所に証拠として提出されるデジタルデータの形態は、対象となるデジタルデータを格納（保存）したCD/DVDやUSBメモリ等の記録媒体での提出に加え、**デジタルデータを可読（見読）可能な形式に印刷した紙媒体**や、調査／解析の過程と結果を記した**鑑定書**や**報告書**（注3）等の提出も、併せて行われることが多いと推測されます。

ここでは、証拠という観点でデジタルデータを考えた場合、どのような点に注意するべきなのか考察してみましょう。

2.1 そもそも証拠とは

一般的な解釈としての証拠とは、物事の判断や事実認定を行うために用いるものといえ、法廷の場においては、**裁判官又は裁判員が法律を適用し、事実認定の根拠となる資料**のことを指します。

また、法的には「**証拠方法**」と表現され、民事と刑事での違いはあるものの、証明したい事実との関連性から見た「**物的証拠（物証）**」と「**人的証拠（人証）**」、証明したい事実への作用面で捉えた「**直接証拠**」と「**間接証拠（情況証拠）**」が、代表的なものとして挙げられます。

（注3）ここでいう「鑑定書」や「報告書」は、法執行機関により作成されたものだけではなく、民間企業等の第三者機関により作成されたものも含まれます。

2.2 「写し」による提出形態

ここでいう「写し」とは、提出用記録媒体にコピーされたデータのことではなく、**2項**で記した「デジタルデータを可読（見読）可能な形式に印刷した紙媒体の提出」のことを指します。

デジタルデータそのものは「0」と「1」で記録されているものであるため、我々が識別／判別可能な実質的な原本としては、パソコン等の電子記録機器媒体上に保存されているデータ（ファイル）であるといえます。

しかし、パソコン上のデジタルデータ（ファイル）は、パソコンの電源がオンのときに、プログラムやアプリケーションを介しモニタ画面上で可視化されるものであり、常時可読可能な状態とするには印刷して紙媒体とする必要がありますが、訴訟の場においては、電子メールや、デジタルカメラで撮影されたデジタル画像を印刷した紙媒体のものが、証拠の「写し」又は「原本」として提出されており、そのどちらかに限定されているものではありません。

このことは、「0」と「1」で記録されているデジタルデータの原本提出が実質不可能であることによる「写しでの証拠提出」といえますが、「原本であることが証拠として成り立つ」というものではなく、たとえ「写し」であってもそれが原本の正確な写しであれば、そこに記載されている内容そのものが証拠としての価値を有するといえるのではないでしょうか。

なお、過去の判例でも「写し」に対して証拠能力が認められた例がありますし、刑事訴訟法第310条[注4]には、原本に代えて謄本を提出可能であることが、条文に定められています。

（注4）**刑事訴訟法第310条**
証拠調を終つた証拠書類又は証拠物は、遅滞なくこれを裁判所に提出しなければならない。但し、裁判所の許可を得たときは、原本に代え、その謄本を提出することができる。

2.3 証拠として提出されたデジタルデータの原本性

2項では、「記録媒体に格納（保存）したデジタルデータを提出」と記しましたが、提出用記録媒体に格納（保存）されているデジタルデータは、調査対象のパソコンやUSBメモリ等に格納（保存）されていたものであり、何らかの方法により提出用記録媒体にコピーされたものであるはずです。そのため、それら提出されたデータのコピー元である、調査対象となったパソコンやUSBメモリ等に格納（保存）されていたデジタルデータが、提出されたデータの原本であるといえます。

では、このような場合、調査対象のパソコンやUSBメモリ等に格納（保存）されていたデジタルデータと、提出されたデジタルデータとの**原本性**の関係はどのように考えるべきでしょうか。

デジタルデータには、「コピーによるデータ記述の劣化（変更）は生じない」という特徴があります。このことは、提出用記録媒体にコピーされたデジタルデータであっても、調査対象のパソコンやUSBメモリ等に格納（保存）されていたデジタルデータ（原本データ）と、証拠として提出されたデジタルデータとの**同一性が証明（担保）**されていれば、提出用記録媒体となったデジタルデータの格納（保存）場所としての是非を論じることは、あまり重要なことではないといえるのかもしれません。

ここで考慮するべきものは、デジタルデータの別の特徴である、**「変化が生じやすく、変更有無の判別が困難」**という点であり、このことを、証拠として提出されたデジタルデータに当てはめて考えてみると、その**真正性**や**信頼性**、**真贋性**に係るものであるといえるのではないでしょうか。

提出されたデジタルデータが抱える懸念点	☑ 調査対象として押収／回収されたパソコンに保存（格納）されていたのか？ ☑ 提出用記録媒体にコピーされる前に、改変（改ざん）された可能性はないのか？ ☑ 提出用記録媒体へのコピー時に、デジタルデータが破損してしまった可能性はないのか？ ☑ フォレンジック調査時に、改変が生じてしまった可能性はないのか？

上記のような、証拠として提出したデジタルデータの原本性に係る観点が、訴訟において争点となった場合、証拠として提出したデジタルデータと、原本データの**「デジタルデータとしての同一性」を証明すること**が求められるかもしれませんが、デジタル・フォレンジックにおいては、デジタルデータの同一性証明に「**ハッシュ値**」という値を用いています。

ハッシュ値については別項で解説しますが、ハッシュ値は「**電子指紋（デジタル・フィンガープリント）**」とも表され、固有性が非常に高く、データ内容が1バイトでも異なると同じ値は算出されないという性質を持っているため、ファイル名や保存場所が異なるデータであっても、ハッシュ値が同じであれば同一のデータであるといえます。そのため、証拠として提出したデジタルデータと原本データから算出されたハッシュ値が同じものであれば、証拠として提出したデジタルデータと原本データとの同一性も証明（担保）されるといえるのです。

しかし、前記では、「提出用記録媒体となったその格納（保存）場所としての是非を論じることはあまり意味のないことなのかもしれず」と記しましたが、デジタルデータの内容そのものに加え、作成日時や更新日時、アクセス日時といった**日時情報**（タイムスタンプ）が事実の認定に重要な意味を持つ場合、デジタルデータのコピー方法によっては日時情報が保持されない場合もあるため、提出用記録媒体上で表示されるデジタルデータの日時情報と、調査対象となったパソコンやUSBメモリ等に格納（保存）されている状態でのデジタルデータの日時情報に差異が生じる場合には、その理由を説明可能である必要があります。

また、デジタルデータの**移動経路**としての観点から、証拠として提出されたデジタルデータの出処として、調査対象として押収／回収されたパソコンとの関連性の証明を求められた場合、**デジタル・フォレンジックの各作業フェーズ時の作業履歴（証跡）**を基に、情況証拠として間接的に証明することが求められるかもしれません。

2.4 証明力（証拠力）と証拠能力

2.1 項では、「証拠とは事実認定の根拠となる資料のこと」と記しましたが、証拠を考える上では、以下に記す**証明力（証拠力）と証明能力**という、2つの観点を考慮する必要があり、これら観点の関連性は、「**証拠能力を有する証拠に対して証明力（証拠力）を判断する**」といえます。

証明力（証拠力）	証明力とは、「**事実認定に寄与し得るか否かの実質的な価値**」といえ、その証明力（証拠力）は、民事訴訟法第247条（注5）及び刑事訴訟法第318条（注6）に「**自由心象主義**」とすることが定められています。
証拠能力	証拠能力とは、「**事実認定の証拠として適用可能な資格**」といえ、民事訴訟では、原則、証拠能力を否定されることはないとされていますが、刑事訴訟においては、証拠能力が厳格に定められており、「**自然的関連性／法律的関連性**」があり、かつ、「**証拠禁止にあたらないこと**」が求められます。 なお、「証拠禁止にあたらないこと」の例としては、証拠物品の押収／回収時において、押収／回収方法に違法性があった場合、その証拠能力は否定されることとなります。

このような証明力（証拠力）と証拠能力の関連性を考えた場合、フォレンジック調査結果として提出された紙媒体やデジタルデータに対して、証明力が認められ、事実認定の資料として適用されるためには、**証拠物品の押収／回収において違法性がないこと**は大前提であり、かつ、**図3**で示すように、提出用記録媒体内のデジタルデータから、調査対象として押収／回収されたパソコンやUSBメモリ等に格納（保存）されている「原本」が、提出データの出処として**帰着可能な途中経過と状況を示すことが可能な情報（作業証跡）**が残され、それら資料から、**客観的／合理的な事実認定が可能であること**が必要であるといえるのではないでしょうか。

またこのことは、**2.3 項**で記した提出したデータの真正性や信頼性、真贋性の証明にもつながることといえるのではないでしょうか。

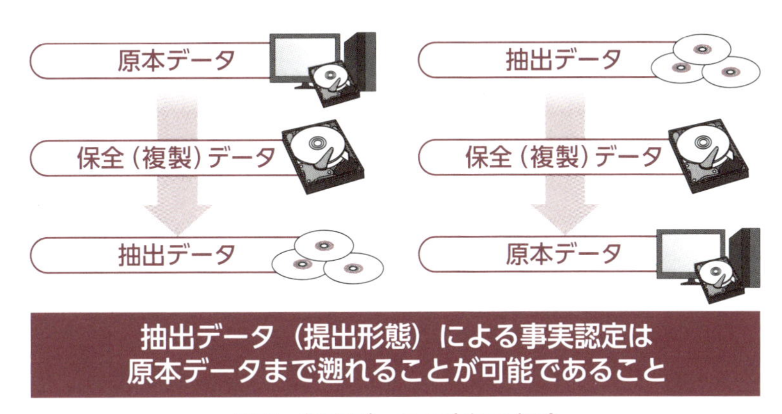

図3　提出データの出処の概念

（注5）**民事訴訟法第247条**
裁判所は、判決をするに当たり、口頭弁論の全趣旨及び証拠調べの結果をしん酌して、自由な心証により、事実についての主張を真実と認めるべきか否かを判断する。

（注6）**刑事訴訟法第318条**
証拠の証明力は、裁判官の自由な判断に委ねる。

3 証拠保全概論

証拠保全の一般的な考え方として、「**事件現場に残された指紋や足跡が時間経過と共に消失してしまう前に採取する**」ことが、証拠保全の一つといえるでしょう。

では別の観点として、A 氏がパソコンで B 氏に殴りかかり、身体的被害を与えてしまった場合はどうでしょうか。凶器として用いられたパソコンそのものは物的証拠として扱われることになるため、証拠物品としてパソコンの確保を行うことが考えられますが、「凶器としてのパソコン」がすぐさまデジタル・フォレンジックの対象となるものではありません。

この例では、A 氏が取った行動の原因が B 氏からの電子メールによる誹謗中傷であった場合、誹謗中傷の有無やその内容確認が可能となるものは、「凶器としてのパソコン」の中に保存されている（可能性のある）電子メール等のデジタルデータであるため、デジタル・フォレンジックの観点からは、それらデジタルデータが**証拠保全対象**となります。しかし、デジタルデータは有体物として目に見えるものではなく、パソコンに内蔵されたハードディスクに格納（保存）されているものであるため、必然的に「デジタルデータの入れ物」としてのパソコンも、押収／回収することとなるのです。

ここでは、デジタル・フォレンジックにおける証拠保全について、知っておきたい事前知識や技術的観点について解説します。

3.1 証拠保全の目的

デジタル・フォレンジックにおける証拠保全の最大の目的は、**事件／事故の発生時、若しくは、その事象発生時により近い状況にあるデジタルデータの状態を固定化（維持／保持）すること**であるといえます。

デジタルデータが存在する場所は、記録媒体の種類や用途により**揮発性の高低**があります。揮発性が高いということは、わずかな操作や外的要因ですぐにデータが改変又は消失してしまうことを意味し、時間経過と共に事象発生時のオリジナル状態での押収／回収や証拠保全が困難となることに加え、その遅れが後の調査にも影響を及ぼす可能性もあるため、**一刻も早い証拠保全の実施**が求められるのです。

3.2 証拠保全作業従事者に求められるスキル

3.1 項で記したように、デジタルデータは揮発性が非常に高く、一定の状態を維持／保持することが非常に難しいものでもあります。

例えば、稼働中パソコンの電源をオフにし再度電源をオン（再起動）にした場合、画面に映し出される情報は同じであっても、それはあくまでも「見た目」が同じであるだけで、フォレンジック的には全く違う状態となってしまうため、電源のオン／オフの動作にも細心の注意が必要となります。

また、証拠保全作業では、様々な作業が同時進行する中で、機器の不具合や作業環境の不備等、**予期しない事象**が発生（発覚）することもありますが、そのようなイレギュラーへの対応も求められます。

このように、証拠保全作業従事者には広範な知識やスキルが求められますが、以下に挙げるものは、デジタルデータ保護や事象の切り分け、遅滞ない作業遂行の観点からも習得が必須といえます。

- ☑ デジタル・フォレンジック作業の全体像
- ☑ デジタルデータの特徴
- ☑ パソコンの起動の仕組み
- ☑ パソコンのハード的な構造
- ☑ ハードディスクの種類（インターフェイス）
- ☑ モバイル端末の特徴
- ☑ 証拠保全に係るツール／資機材の使用方法
- ☑ 証拠保全対象に応じた証拠保全方法／資機材等の取捨選択能力
- ☑ 証拠保全作業全体の管理能力

特に**管理能力**については、作業の進捗管理だけではなく、作業人員をまとめる能力や対外的な交渉能力の習得も、非常に重要となります。

3.3 証拠保全で用いられるデータコピー方法

デジタル・フォレンジックにおける証拠保全では、データ格納全領域をコピー対象とした、「**フォレンジックコピー**」と呼ばれる方法によるデータコピー実施が望まれますが、フォレンジックコピーは通常のデータコピーとは全く異なるコピー方法となります。

ここでは、デジタル・フォレンジックとしての証拠保全で用いられる「フォレンジックコピー」について、その仕組みと概念を解説します。

3.3.1 通常のデータコピーとフォレンジックコピーの違い

冒頭では、デジタル・フォレンジックにおける証拠保全は「データのコピーと表現できると」記しましたが、パソコン操作における「**通常のコピー＆ペースト**」によるデータコピーでは、「フォレンジック的なデータコピー」とはいえません。

では、デジタル・フォレンジックの証拠保全における、「フォレンジック的なデータコピー」とは、一体どのようなものでしょうか。

デジタル・フォレンジックにおける証拠保全では、コピー元の電子記録機器媒体に格納（保存）されているデジタルデータを**一切書き換えることなく、かつ、可能な限りデータ格納全領域の完全な複製**を、データ保存先（コピー先）となるハードディスク等の別の記録媒体に作成することを目的としますが、ここで記した「デジタルデータを一切書き換えることなく」には、**データ記述内容**だけではなく、デジタルデータで最も変化しやすいものの一つである**日時情報**も該当し、このような観点で行われるデータコピーを「フォレンジックコピー」と呼び、「通常のコピー＆ペースト」とはその実施結果が全く異なります。

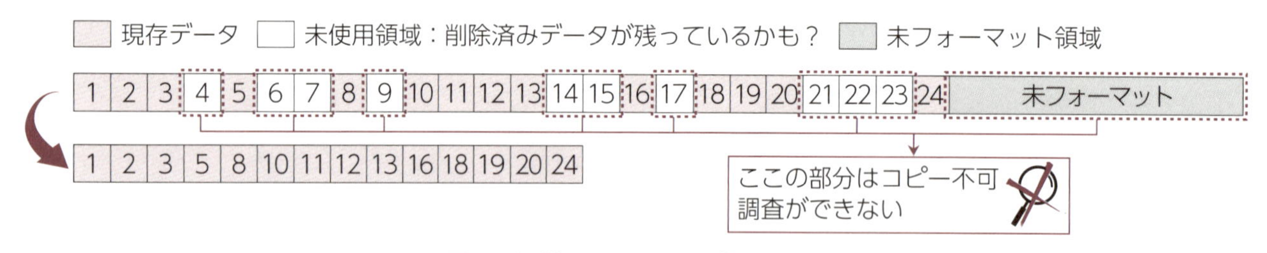

図 4　通常のファイルコピーの概念

図 4 は、通常のファイルコピーの概念を簡単に表したものになりますが、パソコン上のデータは、**ファイルシステム**（注7）と呼ばれる仕組みにより管理されており、ユーザがそれらデータを利用する際、ファイルシステムはデータのコピーや読み込み、削除といったデータアクセスのコントロールをデータ単位で行っています。また、それらデータへのアクセスは、原則、**現存データ**、かつ、**ユーザアクセスが許可されているデータ**のみが対象となっているため、ファイルシステムを介したパソコン操作での「通常のコピー＆ペースト」では、ファイルシステム上で現存データと認識されているデータ、かつ、ユーザアクセスが可能なデータのみがコピー対象として取り扱われることとなります。

例えば、**ハードディスク上の空き領域（未使用領域）や未フォーマット領域**には、ユーザによって削除されたデータが残っている可能性がありますが、このような領域は、通常のパソコン操作ではユーザからはアクセスすることができません。また、このような削除データのデータ記述は、ファイルシステムからは現存データとして識別されていないため、通常のパソコン操作ではデータコピー対象として選択することも不可能であるため、通常のファイルコピーで取得されたデータ群では、ユーザアクセス不可能な領域に対する調査は実質不可能となります。

（注7）ファイルシステムとは、コンピュータに接続されたハードディスク等の記録媒体に保存されているデータを OS が効率よく管理する方式の総称で、OS から各種データを参照、作成、更新、削除等を行えるようにするための仕組みのことをいいます。

このようなユーザアクセスが不可能な領域に対しては、それら領域へのアクセスが可能な専用ツール（ハードウェア／ソフトウェア）を用いることで、データ格納全領域をコピー対象とした、フォレンジックコピーでの完全な複製作成が可能となります。

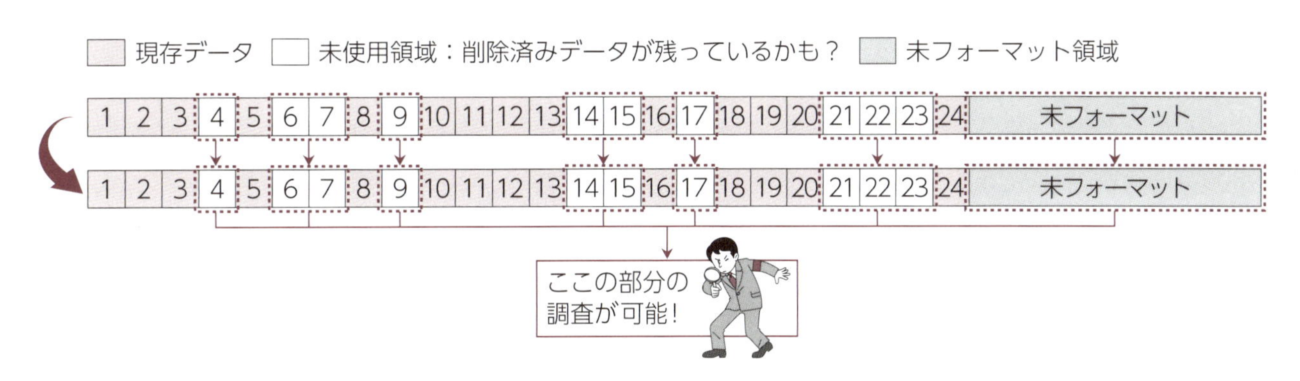

図 5　フォレンジックコピーの概念

図 5 は、フォレンジックコピーの概念を簡単に表したものになりますが、通常のファイルコピーに対しフォレンジックコピーでは、ハードディスクや USB メモリ等に記録されている、「0」若しくは「1」で割り当てられたビット単位の情報を、電子記録機器媒体上での物理的な格納場所情報も保持したまま、別の記録媒体へコピー（複製作成）することが可能となります。また、フォレンジックコピーにより作成された複製には、ユーザアクセスが不可能なデータや未使用領域／未割り当て領域も含まれているため、それら領域に対しても調査／解析を行うことが可能となるのです。

このことは、然るべき手法を用いることでより多くのデータ（情報）取得が可能になるといえ、**有用性の確保**につながります。また、原本データが格納されていたそのままの状態を取得することとなるため、**原本性や証拠性の確保**にもつながります。このことは、**2.3 項**で記した提出したデータの真正性や信頼性、真贋性の証明にもつながることといえるのではないでしょうか。

3.3.2 フォレンジックコピーの種類

コピー元の完全な複製であるフォレンジックコピーは、**シングルキャプチャ（Single Capture）**と**物理イメージファイルコピー**の 2 つに分類されますが、「フォレンジック専用コピーツール」と称しているハードウェアのほとんどで、これら 2 種類のフォレンジックコピーが可能となっています。

なお、実際の証拠保全時の状況やシステム運用上の理由から、特定のデータや領域のみをコピー対象とした、**論理イメージファイルコピー**というものがありますが、「完全な複製」を作成する場合には、物理イメージファイルコピーが用いられます。

シングルキャプチャ (Single Capture)	シングルキャプチャによるコピー方式では、未使用領域や未割り当て領域を含む電子記録機器媒体の全領域に対し、ディスク（パーティション）構成やデータ記録順を保持してコピーすることとなるため、簡単な言葉では「クローンの作成」と表現することができます。

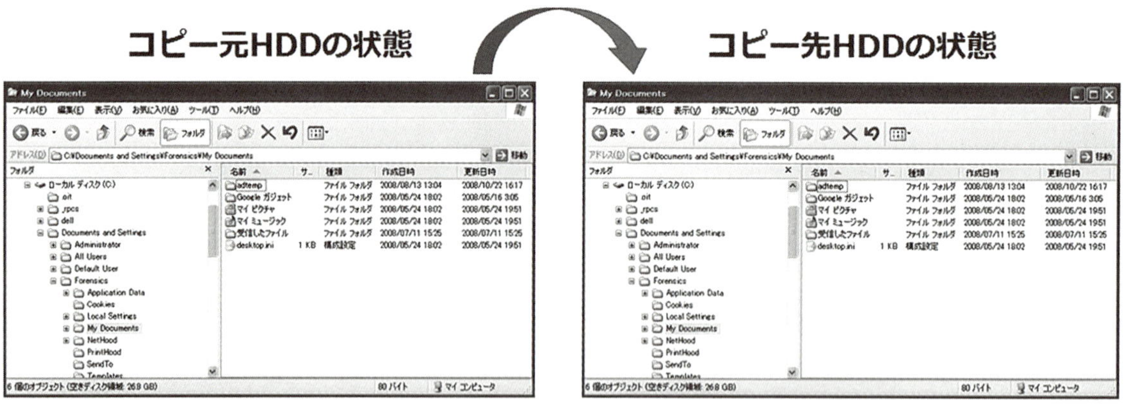

コピー元HDDの状態　　コピー先HDDの状態

図 6　シングルキャプチャの概念

図 6 はシングルキャプチャによるデータコピーでの、コピー元とコピー先の状態を示したものになりますが、クローンということは、原本データと複製データをパソコン画面で比較した場合、その見た目が全く同じになるため、誰から見ても「原本と同じ物」として扱われやすいという特徴があります。

しかし、見た目が同じになるということは、コピー先データへのアクセスが容易であり、不注意な操作によりデータが書き換わったり消失したりする可能性がある、「**非常に脆い状態**」であるといえます。

物理イメージファイルコピー	物理イメージファイルコピーでは、コピー対象となる領域はシングルキャプチャと同じですが、対象領域を一定サイズの大きに分割作成されたファイル（イメージファイル）に加え、作業ログも同時に作成され、コピー先ハードディスクに保存されます。

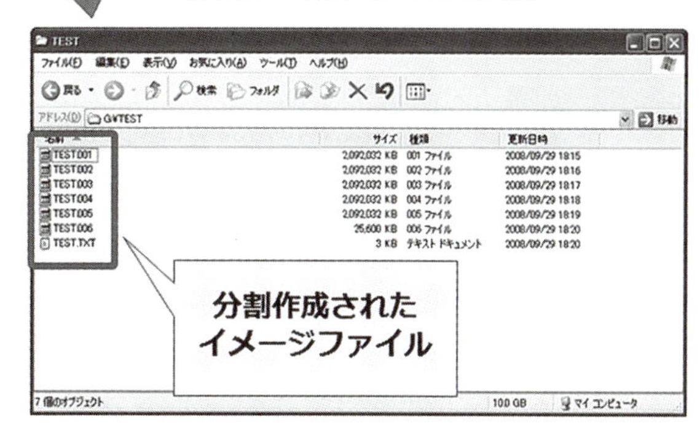

図7　イメージファイルコピーの概念

図7は、イメージファイルコピーによるデータコピーでの、コピー元とコピー先の状態を示したものになりますが、イメージファイルコピーにより複製として作成されたデータ（イメージファイル）は、その見た目が原本とは全く異なり、原本データと同一のものであることをその見た目から判断することはできません。また、イメージファイルが保存されたコピー先ハードディスクをパソコンに接続し内容を確認しようとした場合、パソコン画面からはイメージファイルそのものを認識することは可能ですが、イメージファイル内に格納されているデータへのアクセスは、コンピュータのOSレベルからでは原則不可能です。

このような特徴を持つイメージファイルですが、フォレンジック専用ソフトウェアを用いることで、イメージファイル内に格納されているデータを閲覧（可視化）することが可能となりますが、このことは、通常のパソコンの使用方法ではイメージファイル内データには改変が起こりにくいといえ、イメージファイルコピーによる原本性確保につながるといえます。

また、イメージファイルコピーでは、分割作成されたイメージファイルが全て揃っていないと、フォレンジックソフトウェア上で原本データの状態を再構成できなくなってしまう点に注意が必要ですが、このようなイメージファイルの特徴を逆手に取り、分割作成されたイメージファイルのいくつかをあえて抜き取り欠損させてしまうことで、コピー先ハードディスク紛失時のセキュリティを担保するという考え方もあります。

ここまでに、フォレンジックコピーの種類について解説してきましたが、シングルキャプチャであってもイメージファイルコピーであっても、コピー先ハードディスク内にデータとして存在していることに変わりなく、書き込み防止（読み込み専用）の措置を取らずにアクセスしてしまうと、データ削除等のファイル操作が簡単に行えてしまうことに注意が必要です。

3.3.3 物理イメージファイルの種類

物理イメージファイルにはいくつかの種類がありますが、Linux DD（Raw dd）イメージファイル形式とEWF-E01（注8）イメージファイル形式（EnCaseイメージ）が最も多く用いられているイメージファイル形式となり、フォレンジック専用コピーツールであれば、これら2つのイメージファイル形式での複製作成が可能です。

また、フォレンジック専用ソフトウェアであれば、これら2つの形式のイメージファイルを、そのほとんどのソフトウェアで扱うこと（イメージファイル内データの可視化）が可能です。

Linux DD（Raw dd）イメージファイル形式

Linux DD（Raw dd）イメージファイル形式では、ハードディスク等のコピー元記録媒体に格納されているデータを、完全に同一な状態でイメージファイルとして分割作成します。
作成されたファイルに付与される拡張子は「001」から始まり、分割作成されたイメージファイルの数に従い、数字が1つずつ増分されます。

- Linux DD（Raw dd）イメージファイル形式のメリット
  コピー元データのイメージファイルコピー以外の動作は行われないため処理速度が比較的速く、コマンドラインプログラムのためプログラムサイズも小さく、ディスクサイズの小さいメモリ等にも搭載しやすい。
- Linux DD（Raw dd）イメージファイル形式のデメリット
  イメージファイルに対し圧縮などの処置を行わないため、ハードディスク等のコピー先記録媒体には、コピー元データサイズ+αのディスクサイズが必要となる。また、ケース情報やMD5チェックサムが含まれず、異なるイメージファイルが混在すると区別し難くなる。

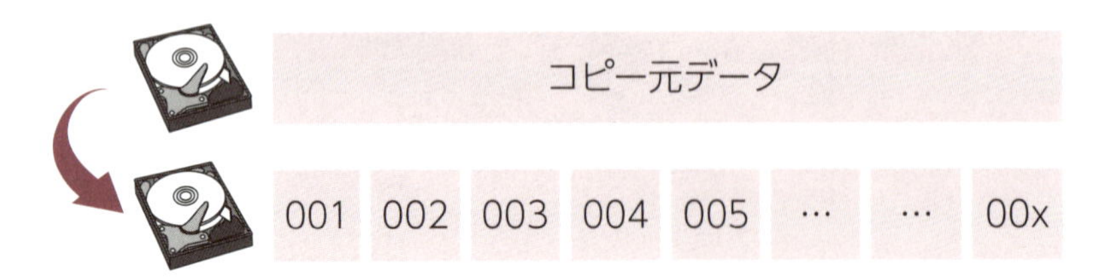

図8　Linux DD（Raw dd）イメージファイルの概念

（注8）Expert Witness Compression Formatの略称。バージョン1のE01形式と、バージョン2のEx01形式がありますが、一部フォレンジックツールではEx01形式に非対応のものもあります。

EWF-E01 イメージファイル形式(EnCase イメージ)	EWF-E01 イメージファイル形式も、Linux DD（Raw dd）イメージファイル形式同様に、コピー元記録媒体のデータを完全な状態でイメージファイルとして分割作成しますが、ハードディスク等のコピー元記録媒体から読み取ったデータは、データブロック単位でCRC（注9）を計算され、分割イメージファイル内のデータブロックごとにCRCが付与されます。 全コピー元データの取得が終了後、コピー元データに該当するデータブロック部分に対してMD5ハッシュ値の算出が行われ、分割作成された最終イメージファイルの終端に、MD5ハッシュ値が格納（注10）されます。 また、EWF-E01 イメージファイル形式には、イメージファイルの圧縮が可能という特徴があります。 ● EWF-E01 イメージファイル形式のメリット データコピーの他、作成したイメージファイルの圧縮や、MD5チェックサムの情報が付与されるため、イメージファイルの管理が比較的容易。また、万が一イメージファイルに変更が生じてしまった場合でも、MD5チェックサムにより変更の検知が容易。 ● EWF-E01 イメージファイル形式のデメリット 作成したイメージファイルの圧縮や、CRCやMD5チェックサムの情報が付与されるため、コピー完了までの処理時間を要することもある。

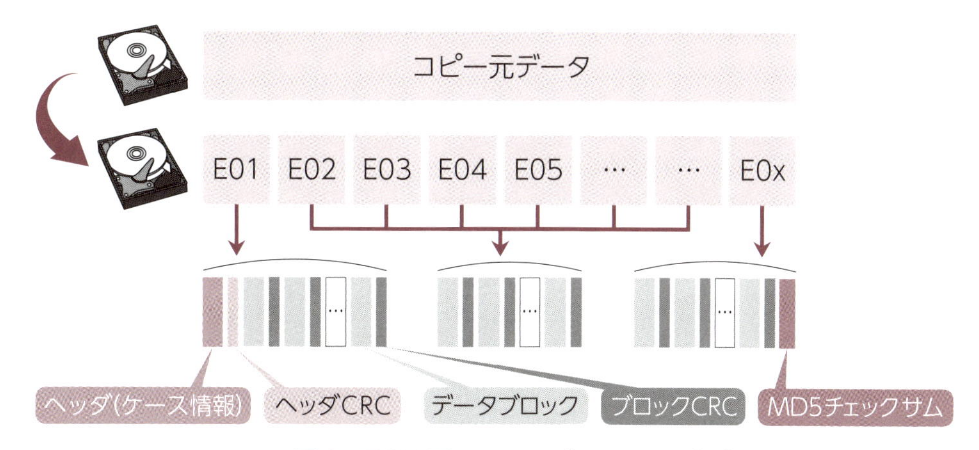

図9　EWF-E01 イメージファイルの概念

（注9）Cyclic Redundancy Check の略称。巡回冗長検査。データ転送時の誤り検出に用いられる、誤り検出符号の一種。
（注10）EnCase バージョン6以降では、SHA-1 ハッシュを格納することが可能となっています。

完全な複製作成は難しい？

3項では、フォレンジックコピーを用いた、証拠保全対象となる電子記録媒体の「完全な複製作成」の重要性を解説しましたが、実際の証拠保全作業では、必ずしも「完全な複製作成」とならないケースも多々あります。
例えば、コピー元のハードディスクに不具合がありアクセス不可能な領域があった場合、フォレンジック専用コピーツールでもそのような領域へのアクセスは非常に困難であるからです。仮にそのような領域に事件解決につながる重要なデータ記述が残存していたとしても、「アクセスできないものは取得できない」ということになります。
証拠保全作業では、そのような可能性も考慮し様々な手法を試みるなど、「ベストエフォート」とならざるを得ないことに、留意する必要があるのかもしれません。

3.4 デジタルデータの同一性検証

これまでの解説にあるように、**証拠として提出したデジタルデータの原本性や同一性、証拠保全における「完全な複製作成」**等、デジタル・フォレンジックでは、その対象となるデジタルデータの複製作成／コピーといった作業を欠かすことができませんが、デジタルデータに対する、コピー元（原本データ）とコピー先の同一性の証明／検証は、どのように行われるべきなのでしょうか。

デジタルデータそのものは電磁的記録として「0」と「1」で表現されるものであり目視できるものではありませんが、目に見えないデジタルデータを目視によるデータ間の差異確認を行おうとする場合、パソコンの画面に表示させたり印刷した紙媒体で比較したりする方法が考えられます。

しかし、その記載内容が膨大なものであった場合、人の力で全てを確認することは現実的ではありませんし、その記載内容の差が半角スペース 1 文字であった場合、それを判別することが非常に困難であることは簡単に想像できます。

ここでは、それら複製やコピーされたデータと、コピー元との同一性の証明（担保）について、フォレンジック的な観点から考察してみましょう。

3.4.1 ハッシュ値とは

3.4 項に記したように、目視によるデジタルデータの同一性の証明／検証は現実的ではありませんし、不可能に近いことなのかもしれません。しかし、デジタルデータの特徴から考えた場合、記録されている内容（情報）に 1bit でも違いがあると「目視では全く同じ状態」であったとしても、同一のデータであるとはいえません。

そのような「目に見えない違い」を比較／検証するために、デジタル・フォレンジックにおけるデジタルデータの同一性の証明／検証では、**ハッシュ値**と呼ばれる値を用いています。

ハッシュ値とは、**任意長のデータ X から固定長のデータ h(X) に変換する「ハッシュ関数」により生成される値**で、データに 1bit でも変更が加わると全く異なるハッシュ値が生成され、以下の特徴を持つハッシュ関数を、「**一方向ハッシュ関数**」といいます。

特徴
- h(x) から x を逆算することが困難である。
- x が与えられたとき、h(x) = h(y) となる y を求めることが困難である。

ハッシュ値はその固有性が非常に高く、人間でいう DNA や指紋に相当し、**異なるデータから同一のハッシュ値が生成される確率（衝突性）が極端に低い**という性質を持っていることから、データ同一性の証明に用いられています（注11）。

また、ハッシュ値にはいくつかの種類があり、**暗号化の鍵**にも用いられています。デジタル・フォレンジックでは以下の 3 つが多く用いられますが、それぞれのアルゴリズムが異なり、bit 数が大きくなるに従いその強度も向上します。

種類

MD5	128bit（32 桁の 16 進数で表記）
SHA-1	160bit（40 桁の 16 進数で表記）
SHA-2（SHA256）	256bit（64 桁の 16 進数で表記）

このような性質を持つハッシュ関数は、与えられた値（情報）の内容が一文字でも異なると、その値から算出されるハッシュ値はその一部が変わるのでなく、全体の値が大きく変化します。このことは、「**同じ情報からは同じハッシュ値が算出されるが、異なる情報からは同じハッシュ値は算出されない**」、ということになります。

この性質をデジタルデータに当てはめて考えてみると、データサイズの大小に関係なく、比較対象となるデータの記録内容が 1 バイトでも異なると、同じハッシュ値は算出されないということになります。また、ここで記した「データサイズの大小に関係なく」とは、ハッシュ値の算出対象が、ハードディスク等の記録媒体レベルであってもファイル単体レベルであっても、ハッシュ値算出が可能であることを意味します。

証拠保全時のコピー元データと複製データの同一性検証では、ハッシュ値のこの性質を用いた同一性検証を行い、同一性検証の結果、コピー元データと複製データから同じハッシュ値が算出されれば、それは「同一のものである」とすることが可能となり、複製データ作成時においてデータ改変は生じていないといえるのです。

（注11）昨今では、インターネット上で配布されているプログラムやデータの、ダウンロード時のデータ破損確認のためにも用いられています。

3.4.2 ハッシュ値の固有性

同一性を証明する方法としては、犯罪捜査等で用いられることの多いDNA型鑑定が非常に有名ですが、DNA型記録取扱規則の一部改正が2006年11月から施行され、既存の鑑定部位と別の鑑定部位の検査結果を合わせると、その固有性は77兆分の1という精度まで向上しているといわれていますが、ハッシュ値の固有性は、DNAの固有性の高さをはるかに上回ります。

しかし、ハッシュ値は固有性が高いとはいえ、衝突する（異なるデータから同じハッシュ値が算出される）可能性が全くないということではなく、MD5には強衝突耐性が突破され、同じMD5ハッシュ値が算出される異なるデータ「A」と「B」を見つけ出す（若しくは作り出す）ことが技術的に確立されていますが、この場合、異なるデータ「A」と「B」には、同一のMD5ハッシュ値が算出される以外に意味を有しているものではありません。

加えて、データ「A」から算出されたMD5ハッシュ値を元に、「A」とは異なり、かつ、何らかの意味を持つデータ「B」を生成する手法は、現在までに確立されていないといわれており、これらのハッシュアルゴリズムを用いている暗号化通信が、直ちに盗聴／改ざんされたり、電子署名の有効性がなくなったりするというわけではない、ともされています。

また、SHA-1では、脆弱性が指摘され攻撃手法の研究が進んでいますが、2017年2月、米国Google社とオランダの研究機関CWI Instituteが、内容が異なる2つのファイルから同一のSHA-1ハッシュ値の生成に成功したと発表しています（注12）。

現状、国内におけるフォレンジック調査においては、MD5やSHA-1が用いられてはいますが、CRYPTREC（注13）が公開している電子政府推奨暗号リストの2013 年改定でSHA-1が「運用監視暗号リスト」に移行されたため、今後はより強度の強い（固有性が高い）SHA-2による同一性証明が求められる可能性もあります。

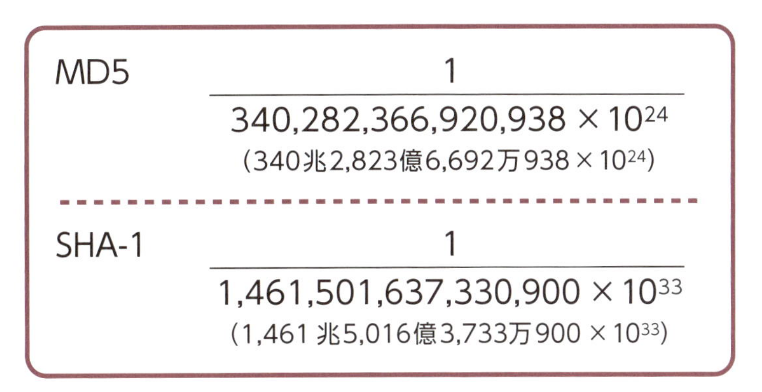

図10　ハッシュ値の固有性

（注12）参考URL：https://security.googleblog.com/2017/02/announcing-first-sha1-collision.html

（注13）**CRYPTREC**
Cryptography Research and Evaluation Committeesの略称。電子政府推奨暗号の安全性を評価・監視し、暗号技術の適切な実装法・運用法を調査・検討するプロジェクト。

MD5ハッシュ値での証拠の真正性が否定された事例（海外）

2006年のオーストラリアの裁判において、MD5ハッシュ値によるデジタル画像の真正性を否定する判決が出ています。

裁判官が、一方向性ハッシュ関数や、「固有性が非常に高い」というハッシュ値の性質をどのように捉えたのかは分かりませんが、当時のオーストラリアでは、スピード違反取締り用に設置されていた交通カメラで撮影された画像の真正性を示すものとして、MD5ハッシュ値が用いられていました。しかし、暗号学会では「MD5において衝突計算攻撃が成功する」という事例も報告されていたため、このことを基に、被告側がスピード違反の証拠として交通カメラ画像の無効を主張した結果、裁判所がそれを認めたという事例です。

日本国内の実際のフォレンジック調査においては、ハッシュ値により示されたデジタルデータの同一性を、その脆弱性を根拠に否定されたことはないものと思われますが、もしもオーストラリアの事例と同様のことが起こったとしたら、「デジタル・フォレンジックの根底を揺るがしかねない」と考えるのは大袈裟でしょうか。

4 証拠保全作業の流れ

証拠保全（データコピー）方法には様々な方法がありますが、図 11 は、ハードウェアベースの証拠保全ツールを用いた最も代表的なコピー方法である、「ディスク to ディスク」でのコピー方法を例に、事前準備から物品返却に至るまでの証拠保全作業の流れと、全体像を簡単に表したものになります。

ここでは、デジタル・フォレンジックにおける、証拠保全作業の基礎的な知識について、「ディスク to ディスク」でのコピー方法を例に取り、証拠保全対象物品の取扱いやデジタルデータの同一性の概念、証拠保全に用いるツール等、証拠保全作業の全体的な流れを７つの項目に大別し、各項目での作業内容概要や注意点等を解説します。

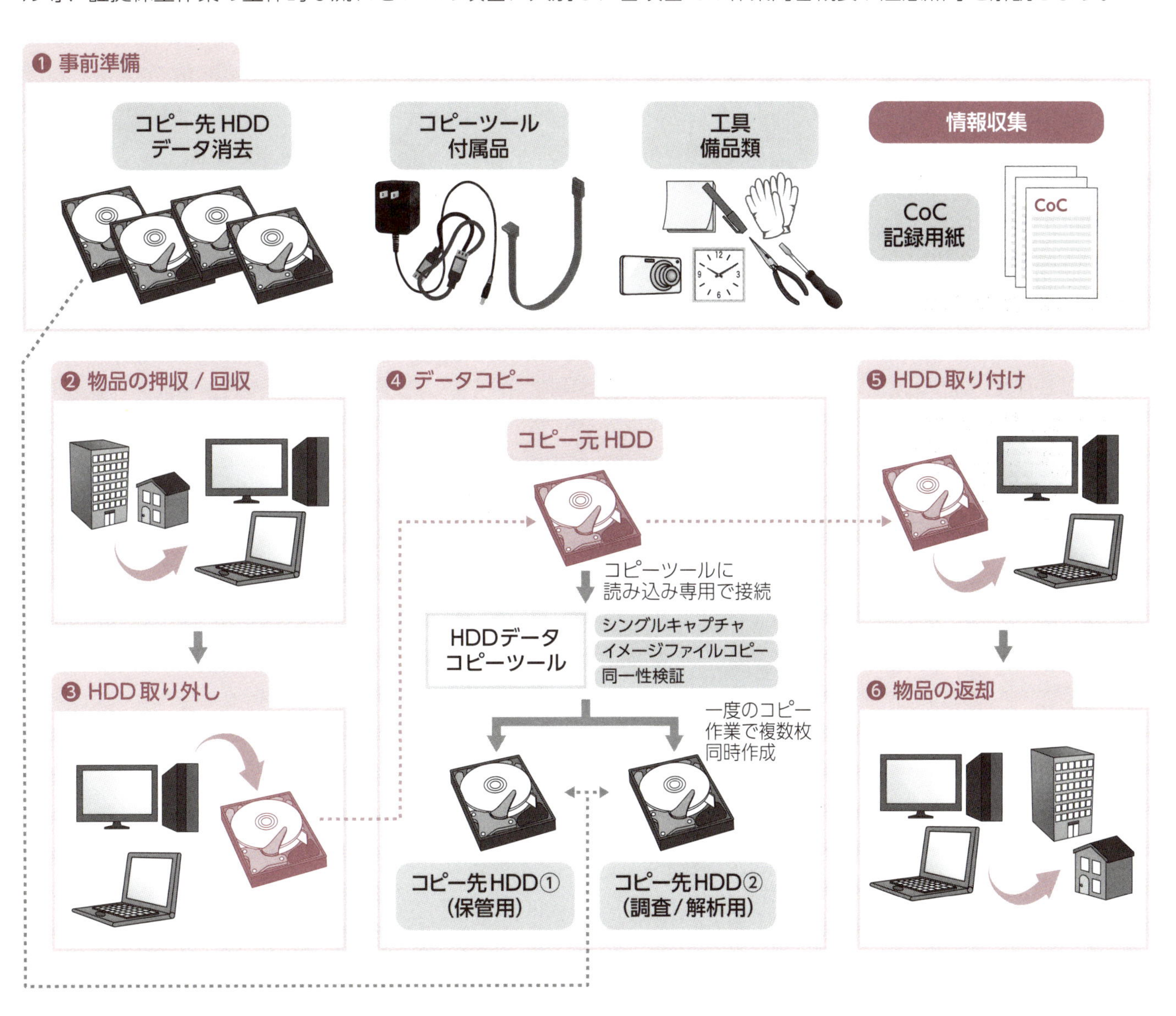

図 11　証拠保全全体像の概念

4.1 ①：事前準備

証拠保全作業を円滑に進めるためには、様々な事前準備が欠かせませんが、一部作業を除き、その多くは平時に実施可能な作業となっています。

4.1.1 事前準備：コピー先ハードディスクのデータ消去

証拠保全時に用いるコピー先ハードディスクは、過去事案で使用したハードディスクの再利用を極力避け、メーカーや販売店から入手した**ブランクハードディスク**を用いることが強く望まれます。

しかし、メーカー出荷時や購入直後のハードディスクであっても、データセットとしてのファイル置蔵はないものの、一般的な使用には支障がない程度の微細なデータ記述が残存している可能性がありますが、コピー先ハードディスクにそのような微細なデータ記述が残存している状態で証拠保全作業を行ってしまうと、コピー元データと複製データとの同一性を損ねてしまう可能性があるため、微細なデータ記述すら確認されないようデータの**完全消去処理**を行ったものを、コピー先ハードディスクとして用いる必要があります。

ここで記す完全消去とは、単なるデータ削除とは異なり、ハードディスク上の全領域に対し、専用ツールを用いて「0」や「1」等で上書き消去を行うことを指しますが、ハードディスク全領域に対するデータ消去には相応の時間を要します。しかし、証拠保全は日程に余裕を持った予定を立てられるケースは少なく、作業当日にその実施が決定することも多く、証拠保全当日に完全消去作業を行っていたのでは、証拠保全実施までにコピー先ハードディスクの用意が間に合わない可能性も考えられます。

そのようなリスクを避けるためにも、証拠保全作業時にコピー先として用いるハードディスクは、事前にデータの完全消去処理を行ったハードディスクをストックしておく必要があるといえますし、事前に消去作業を行うことでハードディスクの不具合チェックにもなるため、実際の作業時に「コピー先ハードディスクが認識されない」といった、リスク回避策の役割も担っているといえます。

4.1.2 事前準備：コピーツール付属品の動作確認

証拠保全において、コピーツール本体の不具合は致命的なものとなるため、日頃から動作確認や不具合確認へは気を配りやすいのですが、それらツール付属品の動作確認や不具合確認は疎かになりがちなのではないでしょうか。

たとえコピーツール本体に異常がなかったとしても、電源アダプタやハードディスク接続ケーブルに不具合が生じると、コピーツールとしてはその機能を発揮することなく、「文鎮化」するだけです。

また、コピーツールは様々なタイプのデバイスに対応する必要があるため、ケーブル類等の付属品はその種類も数も多く、動作確認はもちろん、その個数確認にさえ相応の時間を要するものとなるため、平時でなければ時間を割けない作業であるといえます。

なお、コピーツール本体も含めた事前の動作確認では、いつでも証拠保全作業に持ち出し可能となるように、**完動品による「コピーツール本体＋付属品のパッキングセット」**として用意しておくと良いでしょう。

4.1.3 事前準備：工具備品類

物品の押収／回収や、ハードディスク取り外し時のパソコン筐体分解時等、証拠保全に係る作業には、工具類を必要とする場面が多々あります。また、現場の状況を記録しておくためのカメラや、筆記用具、付箋、テープ、パソコン筐体分解時に取り外したネジ等を保管するための小物入れ等もあると良いでしょう。

このような工具備品類の中でも、特徴的なものや注意点として以下のものが挙げられます。

電波時計	証拠保全作業では、BIOS 時間の確認や記録用紙への時間情報記載等、様々な工程で時間情報が重要となり、その時間は正確なものでなければなりませんが、実時間との誤差を極力少なくするためには電波時計の利用が非常に有効です。しかし、証拠保全が屋内作業となることが多いことを考慮すると、ソーラー発電式のものは屋内作業時の光量不足による発電量低下が考えられるため、避けた方が賢明です。 また、電波時計は常に自動補正が行われる設定とし、平時には窓際に配置する等して、常に正確な時刻表示となっていることが重要です。
帯電防止手袋／帯電防止緩衝材	デジタルデータが格納されているハードディスクやパソコンは、電子機器であり精密機器でもありますが、それらを扱う人間は電気が非常に溜まりやすいという性質を持っています。 昨今のオフィスビルは、OA フロア対応でカーペット敷きとなっているエリアが多く、歩くだけでも人間には相当の静電気が蓄積されるため、ハードディスクやパソコン等それら機器類を扱う際には、静電気によるダメージを回避する策を講じる必要がありますが、特にパソコン筐体を分解する場合、内部基盤やパソコンから取り出したハードディスクは基盤部分がむき出しとなるため、静電気によるショートには細心の注意が必要です。 また、パソコンやハードディスクは精密機械としての取扱いも必要となり、物品の落下や雑な取扱いが要因となる、外的衝撃による物理的な損傷にも注意が必要です。このような静電気や外的衝撃への対応策として、帯電防止の手袋や気泡緩衝材（エアークッション）の使用は必須といえるでしょう。
電波遮断袋／装置	フォレンジック調査では、スマートフォンに代表されるモバイル端末が対象となる事案が増えてきており、証拠保全対象としての出現頻度も増加傾向にありますが、これらモバイル端末を取り扱う上で、真っ先に考えるべきことが「電波の遮断」です。 電波が受信可能であるということは、メールや電話の受信が可能であり、たった 1 件の迷惑メールや間違い電話を受信してしまったため、最古の履歴が消失してしまうかもしれないのです。もしも、消失してしまった最古の履歴が事件解決につながる重要な内容のものであったら、取り返しのつかないこととなってしまうかもしれません。 また、各キャリアや端末によっては、端末紛失時のセキュリティ対策として、リモート操作による端末所在確認や端末ロック、データ削除や端末初期化といった機能がサービス提供されているものもありますが、電波を遮断することで、そのようなリモート操作から端末を守ることが可能となります。しかし、電波遮断可能とうたわれている製品の中には、電波を遮断し切れないものもあるため注意が必要です。 なお、専用品の入手が困難な場合、市販のアルミホイルが代用品となります。その際は、アルミホイルをクシャクシャに丸めてから広げ、反射面を多くした状態でモバイル端末を隙間なく包むと、その効果が向上するようです。

クリップ	後述する CD ブートによる証拠保全では、パソコンの起動順（ブートオーサー）を、内蔵ハードディスクよりも光学メディアドライブを優先させ作業を行うことがありますが、電源がオフのパソコンの内蔵光学メディアドライブのトレイを開く際に、クリップが活躍します。 一般的な光学メディアドライブの前面には小さな穴が設けられており、その穴にクリップを指し込みスライド機構部分を押すことで、トレイを開くことが可能となります。 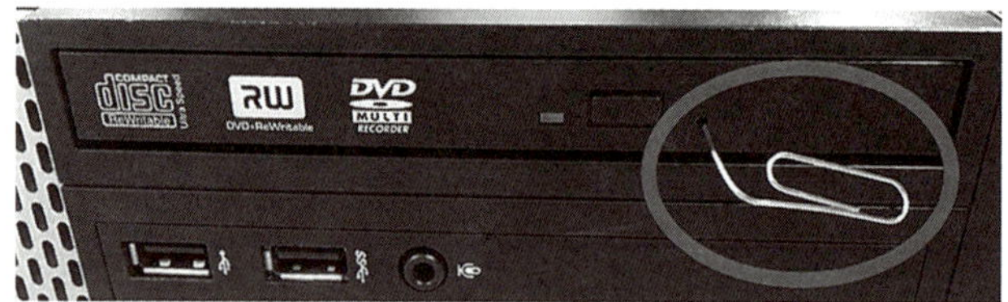 図 12　クリップを用いた光学メディアドライブ排出例
ワイヤーカッター	セキュリティ対策として、オフィスデスク等にワイヤーロック等で固定されているパソコンが増えてきていますが、事案によっては、パソコンの押収／回収のためにワイヤーロックを切断するケースもあります。 ワイヤーには様々な太さの種類があり、一般的には 4 ～ 5mm 程度のものが多いと思われますが、この太さになると安価で販売されているニッパでは刃が欠けてしまい、全く役に立たないことがあります。そのため、ワイヤーロックの切断に備えた工具調達の際は、相応の価格帯のもので、ある程度の太さのワイヤーまで対応しているカッターを選定すると良いでしょう。
特殊形状レンチ	パソコン筐体やハードディスクカバーには、分解が比較的簡単なものがありますが、中にはネジ止めされているものもあり、そのような筐体の分解時にはドライバー等を用いる場面も多くなります。 しかし、一部の筐体では、ケースカバーや裏ブタの取り付けに、「ペンタローブネジ」や「トルクスネジ」が用いられているものがあり、そのようなネジの場合、通常のプラス／マイナスドライバーでは対応が不可能なため、それぞれの形状に合ったドライバーを用意する必要があります。  ペンタローブ形状  トルクス形状 図 13　特殊ネジ形状例
鉛筆／ シャープペンシル／ ボールペン	工具備品類の中では、あまりにも当たり前すぎて気がつきにくいものがありますが、その代表的なものが筆記用具です。 記録用紙に記した内容を「作業履歴／証跡」として考えるならば、事後の記載内容変更は「改ざん」と捉えられてしまうかもしれません。そのため、消しゴムで文字を消せてしまう鉛筆やシャープペンシル、温度変化で筆跡が不鮮明となるフリクションインキを使用したボールペンの使用は、極力避けるべきといえます。 もしも、書類の書き間違いに気がついた場合、新しい記録用紙を用いて最初から書き直しましょう。

電源ケーブル 2 芯 3 芯変換アダプタ／ 3 芯対応電源タップ	事案によっては、現場（オンサイト）で証拠保全作業を行うことがありますが、ハードウェアベースの証拠保全ツールや作業に必要となる機器の電源ケーブルには、3 芯（3P）タイプのものがあります。 一般家庭や築年数の経過した建物では、壁コンセントは 2 芯（2P）タイプのものが多いため、3 芯（3P）タイプの電源ケーブルを持つ機器の使用が想定される場合、2 芯 3 芯変換アダプタや 3 芯対応電源タップを用意しておくと良いでしょう。

4.1.4 事前準備：記録用紙

通常、フォレンジック調査では、事案ごとに一意の案件番号を付与し、事案で取り扱う調査対象物品には、個々に一意の**証拠品番号（エビデンス番号）**が付与され、事案と事案に属する物品を管理しますが、これら管理番号は、フォレンジック作業時に作成される**記録用紙**への記載にも適用されます。

デジタル・フォレンジックの証拠保全における記録用紙には、用途別にいくつかの種類がありますが、単なるメモではなく、それら記録用紙には、**証拠保全対象物品や対象物品の使用者（所有者）、証拠保全作業内容**を記録として残しておくこととなり、証拠保全作業の真正性や信頼性の担保にもつながり、**作業者側の作業履歴を証明する証跡**にもなる重要な書類です。

通常これら記録用紙は、証拠保全対象物品 1 点につき 1 枚起票され、他の物品の情報を混在させて併記することはなく、対象物品と「対の関係」となるものです。

ここでは、代表的な記録用紙について、その概要を解説します。

CoC シート (Chain of Custody)	CoC（Chain of Custody）とは、一般的には貿易や流通経路において生産／加工／移動経路を管理、保証するシステムのことを指しますが、デジタル・フォレンジックにおける CoC シートの大きな役割は、証拠品（エビデンス）である複製データ（コピー先ハードディスク）の所在（所有者）を明らかにするもので、CoC の性質をデジタル・フォレンジックや e ディスカバリに置き換えて考えた場合、「保管の継続性」、「証拠の継続性／連鎖性」と表すことができます。 事案によっては、複製データが保存されたハードディスク等の所有者が、調査会社から調査依頼主や担当弁護士、法執行機関等へ変更されることがありますが、このような場合、証拠品（エビデンス）が「誰から誰の手に渡り、現在どこにあるのか」という物品としての移動経路を、授受者双方の署名を添え CoC シートに記録する必要があります。 そのため、CoC シートは一箇所にとどめておくものではなく、複製データの移動（所有者の変更）に合わせて移動するものである点に注意が必要です。 CoC シートに記録するべき情報には、以下の項目が挙げられます。 ☑ 該当事案（案件）情報 ☑ 複製データ保存先媒体情報（コピー先ハードディスクの個体情報） ☑ いつ、どこ（誰）から、どこ（誰）へ移動したのか ☑ 新旧所有者による授受確認／署名

エビデンスシート **(Evidence Sheet)**	エビデンスシートとは、証拠保全対象物品の個体情報や証拠保全方法、複製データ作成に付随する証拠品そのものに係る情報を、記録として残しておくもので、「いつ、どこで、誰が、何に対して、何を行った、その結果」を明確に記しておく必要があります。 エビデンスシートに記録するべき情報には、以下の項目が挙げられます。 ☑ 証拠保全作業の概要 事案番号／証拠品番号（エビデンス番号）／作業場所／作業日時 (開始時刻と 終了時刻）／作業結果／同一性検証結果／作業担当者 ☑ 証拠保全対象物品情報（コンピュータ等、個体識別可能な明確な情報） 使用者名／メーカー・モデル名／シリアル番号／管理番号／ BIOS 日時 ☑ 複製元個体情報（コンピュータから取り外したハードディスク等） メーカー名・モデル名／シリアル番号／全体容量／セクタ数 ☑ 複製データ保存先ハードディスク情報 メーカー名・モデル名／シリアル番号／全体容量／セクタ数 ☑ 証拠保全に用いたツールの情報（ハードウェア／ソフトウェア） メーカー名・ツール名／ SW バージョン／ FW バージョン ☑ 原本データ／複製データのハッシュ値 可能であれば、MD5 ／ SHA-1 ／ SHA-2 の 3 種類の値を取得 ☑ 複製データの情報 データタイプ (物理／イメージファイル)／イメージファイル名／読み込み確認結果
証拠保全作業履歴シート (Acquisition Log Sheet)	証拠保全作業ではデータコピーに加え、物品受領や返却、作成された複製データや作業ログの読み込み確認等、作業履歴に関する様々な作業が付随しますが、それら付随する作業を記録するものが、証拠保全作業履歴シートになります。 証拠保全作業履歴シートに記録するべき情報には、以下の項目が挙げられます。また、各項目には当該作業担当者の署名も記載し、「誰が、どの作業を行ったのか」を明確にしておく必要があります。 ☑ 物品受領／返却日時 ☑ 証拠保全作業開始／完了日時 ☑ 同一性検証日時 ☑ 複製データ読み込み確認日時 ☑ コピーツールが作成した作業ログ回収日時

撮影用タグ	通常フォレジック調査では、稼働中パソコン画面や BIOS 画面、受領物品確認時やパソコン分解時、分解後のハードディスク等の写真撮影時を行いますが、その際、物品個々の証拠品番号を小型の用紙で写真（被写体）に添え、補足情報とするものが、撮影用タグになります。 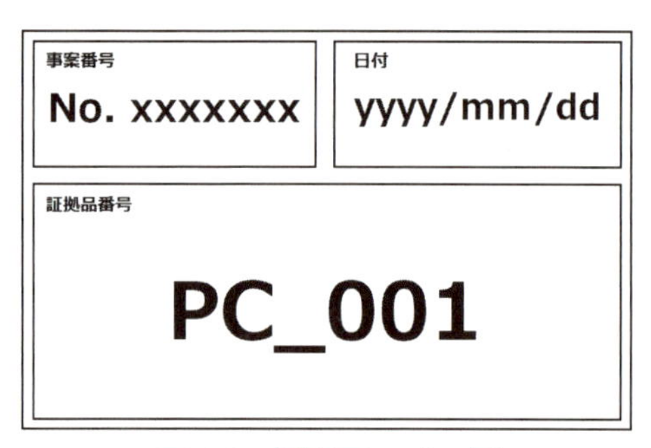 図 14　撮影用タグの例 また、事案によっては、パソコン筐体からハードディスクを取り外す事案も多いですが、パソコン筐体と取り外したハードディスクの紐付けが行われていないと、ハードディスクを戻すべき筐体の取り違いが発生する可能性がありますし、様々な物品が雑多に置かれ管理されていない場合、物品の紛失という最悪の事態にもつながりかねませんが、撮影用タグを活用することで、そのようなリスク回避にもつながるといえます。  図 15　対象物品撮影の例

これら記録用紙に記載／記録すべき項目は多岐にわたるため、その内容は事前にひな型化し、いつでも使用できるようにブランク状態のものを印刷、常時保管しておくと良いでしょう。

なお、これら記録用紙への情報記載に際しては、手書き記載となる箇所が発生する場合もありますが、そのような場合、誤字／脱字をなくすことはもちろんのこと、「**誰が読んでも、判別（判読）可能な字で書く**」ことを心掛けるようにしましょう。

新任者には文字を書く練習を

人によって、字の「上手」、「下手」があることは否めません。中には、書いた本人ですら「何を書いたのか分からない……」ということもありますが、ハッシュ値や物品のシリアル番号や対象者名等、固有性の高い情報が「判別（判読）不可能」では困ります。
最低限、0～9までの数字と、A～Zまでのアルファベット（大／小文字）は、判別（判読）可能な字が書けるよう、練習が必要かもしれません。

4.1.5 事前準備：情報収集

ここで記す**情報収集**とは、**証拠保全対象物品の押収／回収や証拠保全作業の妨げとなり得る事柄を洗い出し、それら障害や弊害を可能な限りクリアにし、作業の難易度低下を図ることで、作業の確実性をより高めるための行動**を指します。

しかし、その多くが事案発生後の行動となるため、平時に行うことが不可能な準備作業といえますが、ここで得られた情報を基に証拠保全作業のプランを組み立てることにもなり、短時間により多くの正確な情報収集が求められるため、非常に重要な作業であるといえます。

証拠保全対象物品の押収／回収や証拠保全作業の妨げとなり得る事柄としては、以下のものが挙げられます。

調査対象者の所在	調査対象者が現場にいる場合、物理的な機器の破壊やデータ消去等、証拠隠滅（隠匿）につながる不穏な行動には、十分に注意する必要があります。 逆に調査対象者が不在の場合、調査対象者が調査対象物品を携行していることが考えられ、現場には調査対象物品が残されていない可能性を考慮する必要があります。 また、現場にモバイル端末が残されていた場合、リモート操作での端末ロックや初期化可能な状況である可能性を考慮する必要があります。
証拠保全対象物品押収／回収現場の環境や状況	押収／回収した物品の搬送経路の確認／確保に加え、現場で証拠保全作業を行う場合には電源供給確認も重要です。 証拠保全ツールや、証拠保全作業に必要となる機器の多くは電力を必要とするものとなるため、電源タップや延長コードで電源を確保することになりますが、その際に注意しなければならないことは、電源タップや延長コードを「タコ足」にして使用しないことです。 電源タップや延長コードには、使用可能な総ワット数が決められており、「タコ足」でコンセント数を増やしたとしてもそれは単にコンセントの口数が増えただけで、壁や床のコンセントからの電力供給量は変わりません。 そのため、「タコ足」による過度な電源供給では電力不足に陥り、証拠保全ツールや証拠保全対象物品である電子機器媒体の電源が落ちてしまうことがありますし、安全装置回路（ブレーカー）内蔵の電源タップの場合、容量オーバーとなった時点で電源切断を自動的に行う仕組みとなっているため、電源断となった時点で、証拠保全ツールや証拠保全対象物品である電子機器媒体に、不具合を生じさせてしまう可能性もあります。 加えて、物理的なエリアとしての電力供給を考えた場合、現場での作業部屋となるエリアへの供給量（アンペア数）も確認した方が良いでしょう。 また、稼働中パソコンやモバイル端末での不意な通信を避けるため、有線／無線LANやWi-Fiの使用状況を確認することも重要であり、必要であれば、それら通信機器の電源オフや通信遮断も検討すると良いでしょう。 なお、現場の施錠状態や入館カード要否等、現場への入退室そのものの制限有無も確認すると良いでしょう。

証拠保全対象物品の種類と個数	パソコンやUSBメモリ等に加え、モバイル端末の有無や、外見上電子記録機器媒体としての判別が困難な物品の有無を想定することも重要です。 また、パソコンが対象となる場合、この段階でメーカー名やモデル名を把握することで、カタログスペックとしての内蔵ハードディスク容量や、BIOS起動方法を調べることも可能となるため、用意すべきコピー先ハードディスクのサイズや数量の把握や、BIOS画面へのアクセス方法の確立にも役立ちます。
証拠保全対象物品の稼働状況	パソコンやモバイル端末の電源オン／オフの確認は、それら機器媒体に触れる前に、まずは目視で確認可能な範囲で機器媒体の稼働状況確認を行うことが重要ですが、不用意な行動による機器媒体の電源オン／オフは、絶対に避けなければなりません。 また、元々電源が入らない機器や不動品として保管されていた機器、異音発生等不調をうかがわせる機器が調査対象物品とされることがありますが、そのような機器は、「元々動かなかった」、「挙動が不安定であった」ということを、明確に記録しておく必要があります。
事案における作業優先度	複数の物品が調査対象となる場合、事案内容や物品の取扱いの困難さを考慮した上で、押収／回収や証拠保全作業優先順位を決め、より円滑な作業遂行を心掛けることが重要となります。
Windowsログインアカウント／パスワード	コピー方法によっては、Windowsへのログインアカウントとパスワードが必要となることもあるため、それら情報を入手しておくと良いでしょう。 また、ログイン情報に関しては、調査対象者が使用していたログインアカウントを含め、複数のアカウントが作成されていることがありますが、そのような場合、可能であればすべてのログインアカウントとパスワードを入手しておくと良いでしょう。 なお、ソフトウェア証拠保全ツールの一部には、その起動にAdministrator権限（管理者権限）が必要なものもあるため、入手したアカウントにAdministrator権限（管理者権限）アカウントが含まれているかを確認してください。
証拠保全対象物品のセキュリティ設定	パソコンやUSBメモリ等に施されているセキュリティ設定には、様々な種類のものがありますが、実際の事案で対峙することの多いものとして、BIOSパスワード、ハードディスクパスワード、ハードディスク（ボリューム）／ファイル暗号化が挙げられます。 これらセキュリティの有無や設定次第では、証拠保全作業や調査／解析が不可能となってしまうものもあるため、セキュリティに関しては可能な限り詳細な情報入手が望まれます。 なお、これらセキュリティが施された媒体への対応方法は、別項にて解説します。

4.2 ②：物品の押収／回収

図 16 は、物品の押収／回収現場の例を示したものですが、このような煩雑な環境下からの証拠保全対象物品の押収／回収にあたっては、初動対応（注14）や **4.1.5 項**で記した情報収集で得られた情報を基に、**対象物品がいつ、どこに、どのような状態で存在しているのか等、周辺（現場）環境にも注意を払いながら作業を行う**必要があります。

図 16　物品押収／回収現場の例

押収／回収対象となるパソコンの電源がオンになっている場合、物品の押収／回収や証拠保全に備え電源をオフにすることが考えられますが、セキュリティ設定や当該パソコン運用上の理由によっては、電源オンの状態やログインしている状態の維持を優先する場合もあるため、**電源のオフは慎重な判断の上で行う**ようにします。また、電源オフの前には、稼働中のパソコンの状態を念入りに確認し、開いているファイルや実行中のプログラムの状況等を細かく記録しておく必要がありますが、その際の記録方法は、**4.1.4 項**で記した撮影用タグを用い、ファイルやプログラムの実行状況をモニタ画面で上下左右にスクロールして確認し、**画面描画される内容を可能な限り写真撮影し記録しておく**と良いでしょう。

パソコンの電源オフの方法としては、通常の**シャットダウン**に加え、電源ケーブルやバッテリを強制的に外す「**強制的な電源断**」も考えられますが、「強制的な電源断」を行う場合、開いていたファイルや OS を含む実行中プログラムの破損、ハードウェアとしてのパソコン自体への損傷も考えられるため、「強制的な電源断」はそれらリスクを所有者に確認し承諾を得た上で行う必要があるでしょう。

また、証拠保全対象物品の運搬時には、物理的な破壊や損傷が生じないよう適切な方法を用いると同時に、デジタルデータの特徴を考慮した**デジタルデータの保護**も視野に入れ、ある程度専門的な知識を有する適切な人材を作業人員として配置することも重要となります。特に、企業内の運用上の理由から、証拠保全対象物品の電源をオフにすることが困難である場合や、筐体の物理的な搬出が困難な場合には、企業側の情報システム部や総務部等、その**対象物品管理者**も交えた行動も考慮する必要があるかもしれません。

加えて、この作業で注意しなければならないことは、**押収／回収した物品が「誰のものなのか」、「現場のどこにあったものなのか」ということを、明確にしておく必要がある**ということです。

例えば、企業においては、多くのパソコンを一括リースしているケースや、社員に貸与している USB メモリ等を統一しているケースがありますが、そのような場合、メーカーやモデルが全て同じで、外見から個々の識別が困難な状況が起こり得ます。万が一、個々の識別を誤り対象物品を取り違えてしまうと、調査対象者と調査対象者が使用していた物品との紐付けが困難になる可能性が生じてしまい、結果、その後の調査にも影響を及ぼすことにもつながりかねません。

そのような状況に陥らないようにするために、押収／回収を開始する前には現場の状況を**写真や図面（見取図）**に残しておくことも有効な手段の一つですが、その段階で個々の証拠保全対象物品に対し**証拠品番号**を付与し、

（注14）初動対応については、既刊『デジタル鑑識の基礎（上）／（中）』で、詳しく解説していますので、そちらをご参照ください。

4.1.4 項で記した**撮影用タグ**を用いて、個体識別のための**写真撮影**を行うことが非常に重要となりますし、作業担当者自身が、**詳細な作業記録**を残しておくことも重要になります。

加えて、物品の押収／回収においては、必要に応じ、対象物品に接続されている電源ケーブルやマウス／キーボード等の、**周辺機器や付属品も押収／回収する**ことが望まれますが、それら周辺機器類も含めた物品の押収／回収の前に、パソコン筐体の前面や背面に電源ケーブル等の各ケーブルが接続されている状態に対し、撮影用タグを添えて写真撮影を行い、**機器類の位置関係等の状況を記録**しておくと良いでしょう。

また、周辺機器の中には、ケーブルの接続口が異なるとパソコンから認識されなくなってしまうものもあるため、**物品返却時に押収／回収時の状態に戻すこと（現状復帰）**が必要となる場合に備え、各ケーブルには付箋紙やラベルシール等を用いて、**ケーブル類の元の接続箇所が明確に判断可能となるような構図**での写真撮影を心掛けることが重要です。

図 17　接続ケーブル撮影の例

また、物品の押収／回収に際しては、種類や個数を所有者と調査側（受領者）との間で署名確認を行いその履歴を記録用紙等に残し、受領物品は**図 18** のような**証拠品台帳（管理表）を作成し一元管理をする**などし、物品数と所在を把握しておくことも重要ですが、証拠品台帳（管理表）には、**4.1.5 項**で記した**セキュリティ設定の情報**も含めておくことも、効率的な証拠品管理につながります。

事案番号：XXXXXXX

証拠品番号	本体情報							HDD情報				セキュリティ		
	タイプ	メーカー	モデル	S/N	OS	CD/DVD ドライブ	USBポート	メーカー	モデル	容量(GB)	S/N	BIOS PW	HDD PW	暗号化
PC_001	ノートPC	A社	ABC-123	0123XYZ	Win 7	無	有(2.0)	D社	HDD-YY500	500	ZAQ12WSX	AAA007BB	有	有(Q社製)
PC_002	DTP	B社	XX-990	987-ZAQ	Win 10	有	有(3.0)	E社	HDD1000zz	1 TB	CDE34RFV	bios0001	hdd9876	有(Q社製)
PC_003	ノートPC	C社	SSS-1000	18JA012	Win 8	無	有(3.0)	F社	SSD-X512	512(MB)	S1212XPP	無	無	無

図 18　証拠品管理表の例

なお、パソコン筐体を分解する可能性がある場合、所有者には物品の押収／回収時に**分解の可能性、並びに分解を行ったことによるメーカー保障外となる可能性**を説明した上でその承諾を得て、承諾されたことを記録用紙に明記しておくと良いでしょう。

紙媒体の押収／回収も重要

機密情報（データ）の持ち出しのような事案では、機密情報が印刷された可能性を考慮し、現場で紙媒体を押収／回収することもあります。

また、証拠保全対象となる機器類の、**説明書やユーザガイド**が現場にあり回収許可が得られた場合には、それら書類の押収／回収を行うと良いでしょう。説明書やユーザガイドには、筐体の分解方法や BIOS 画面への遷移方法が記載されているかもしれません。

4.3 ③：ハードディスク取り外し

パソコン筐体から取り外したハードディスクは、基盤部分がむき出しとなるため、**静電気による基盤損傷**には十分に注意が必要です。そのため、**4.1.3 項**で記した帯電防止機能を持った手袋を着用し、あらかじめ帯電防止機能付き緩衝材等を作業机に敷き詰め静電気防止策を施すなどし、単体となったハードディスクは作業机等には直接置かないようにしましょう。

ハードディスク取り外しに際しては、パソコン筐体を分解し内蔵ハードディスクを取り外す前に、ハードディスクに接続されているケーブルやその向きを判別するため、筐体内にハードディスクが設置された状態で、**撮影用タグを添えて写真撮影**を行い、取り外したハードディスクを確実に元に戻せるような配慮も重要です。

例えば、ワークステーションタイプのような拡張可能なタイプのパソコンには、複数のハードディスクが内蔵されているものもありますが、そのような場合、元々当該ハードディスクに接続されていたケーブルでなければ、ハードディスクを認識しない場合もあります。また、狭い筐体内では、ケーブル類が折り曲げられて収納されているものもありますが、そのような場合、元々の「クセ」のとおりに収納しないと、ケーブル皮膜内で物理的な断線が生じることもあるため、ハードディスクを取り外す前の状態の情報が重要となります。

また、パソコン筐体から取り外し、単体となったハードディスクも撮影用タグを添えて写真撮影を行いますが、パソコン筐体と取り外したハードディスクの「親子関係」を示す情報は、パソコンの取扱説明書やユーザガイドには一切書かれておらず、「パソコン筐体と内蔵ハードディスクの関連性」を明確に示唆できるものは、撮影用タグによる意図的な関連付けに頼るしかないため、その際に用いる撮影用タグは、**ハードディスクを取り外した筐体に使用した撮影用タグを必ず用いること**が重要です。加えて、単体となったハードディスクを写真撮影する際には、ハードディスク上面に貼り付けられているラベルに記載のある**シリアル番号等、ハードディスク固体情報に関する文字**が鮮明に写るよう、**デジタルカメラの接写機能**を用いるようにしましょう。

なお、パソコン筐体の分解ではネジを外す場合もありますが、ネジの使用部分によって異なるサイズや種類のネジを用いているものもあるため、**小物入れ等を用いた分別**を行い、筐体のどの箇所から外したネジであるのかを記録しておくことも重要です。

4.4 ④：データコピー

パソコン筐体から取り外したコピー元ハードディスクと、コピー先ハードディスクを証拠保全ツールに接続し、**データコピー（複製作成）**を行います。

証拠保全方法（種類）については別項で解説しますが、**図 11** は、一度のコピー作業で 2 枚のコピー先ハードディスクに対し、データコピーを行う例を示したものとなりますが、通常、ハードウェアを用いた証拠保全では、一度のコピー作業で複数枚の複製作成を行い、**1 枚は保管用、もう 1 枚を調査／解析用**として用います。

また、コピー先ハードディスクに用いるハードディスクの容量は、**シングルキャプチャ**の場合には、コピー元ハードディスクと同容量又はそれ以上の容量を持つものを適用し、**物理イメージファイル形式**の場合には、イメージファイルに加え作業ログファイルも生成されるため、コピー元ハードディスクの 1.5 倍程度の容量又はそれ以上の容量を持ったものを適用します。

コピー実行中は、証拠保全ツールからのエラー表示やハードディスクからの異音、コピー速度の低下等、**異常発生には常に注意を払う**必要があります。また、コピー実行中の証拠保全ツール不具合発生に備え、**代替機器／手法に移行可能な準備を整えておく**ことも重要です。

データコピーの所要時間は、コピー元ハードディスク容量やディスク状態、コピー方法によりまちまちで、ハードウェアベースの証拠保全ツールでは、実測値で毎分 5 ～ 6GB のコピー速度となるものが多いようですが、ハッシュ値による同一性検証や作業ログ生成が証拠保全ツールによって行われたのち、証拠保全ツール側でのデータコピープロセスは完了となります。

なお、データコピー作業では、証拠保全ツールの設定等確認項目が多くなるため、**作業チェックシートを用い作業漏れを回避する**ことも重要です。

4.5 ⑤：ハードディスク取り付け

データコピーが完了後、証拠保全ツールからコピー元ハードディスクを取り外し、元のパソコン筐体に取り付けますが、その際は、**4.3 項**で記した筐体分解／ハードディスク取り外し時の写真を参考にし、分解時に取り外したケーブル類はその向きも合わせ、確実に元のとおりに取り付けを行います。

また、パソコン筐体分解時に取り外したネジがある場合も、筐体分解時の写真や記録を参考に、元のとおりに取り付けます。

4.6 ⑥：物品の返却

データコピー完了後、押収／回収した物品の所有者への返却時期は事案ごとに異なりますが、所有者へ物品の返却が行われるまでは、押収／回収した物品の保管／管理は調査側が担うこととなるため、**紛失や損傷を与えないように厳重に管理する**必要があります。

物品返却の際には押収／回収時に作成した台帳を基に、周辺機器類や付属品等の過不足がないよう返却を行いますが、**4.2 項**で記した**現状復帰**が求められる場合には、押収／回収前の設置状況を可能な限り再現した状態をもって返却とします。

また、押収／回収時と同様に、物品の返却時にも所有者と調査側（受領者）で**署名確認**を行いその履歴を記録用紙等に残し、物品は所有者へ返却済みであることを記録として残しておきます。

なお、事案によっては、物品の返却前に機器類の**動作確認**を行うこともありますが、その場合、情報収集時や物品押収／回収時の記録を参考に、どの物品が稼動品／不動品であったのかを判別しながら行うと良いでしょう。

4.7 ⑦：コピー先ハードディスクの取扱いについて

データコピー完了後、コピー先ハードディスクは調査／解析に用いるものと、保管用とするものに区別し、厳重に保管／管理します。

一般的に、コピー元となった証拠保全対象物品の多くは、所有者への返却後すぐに利用されることも多く、返却した時点で証拠保全時の状態ではなくなってしまう可能性が非常に高いと考えるべきです。

このことは、調査側に残されたコピー先ハードディスク内に保存されている複製データが、物品押収／回収時の状態を維持している、唯一の「オリジナル」となり得るということであり、**コピー先ハードディスクの厳重な保管／管理**が、いかに重要なことであるのかが分かります。

なお、事案が完全に終了した際のコピー先ハードディスクの取扱いについては、調査側の判断でのデータ消去や廃棄を行ってはいけません。なぜならば、コピー先ハードディスク内に保存されている複製データは、所有者のものであり、調査側のものではないからです。

そのため、事案終了後のコピー先ハードディスクの取扱いについては、事前に所有者と取り決めておく必要があり、コピー先ハードディスクの返却を求められた場合には **CoC にその移動記録を記し、**コピー先ハードディスクと CoC を所有者へ引き渡すこととなります。

本項では、証拠保全作業の全体的な流れを解説してきましたが、**各作業工程から取得される様々な情報を、4.1.4 項で記した記録用紙に過不足なく記入／記録しておくこと**が非常に重要となります。

記録用紙作成そのものは、法的に求められているものではないと思われますが、目に見えないデジタルデータを対象とした作業となるデジタル・フォレンジックにおいては、**調査側（作業側）の作業経緯や証跡を確実に残しておくことは、デジタルデータの証拠としての価値を担保すること**にもつながるといえるのではないでしょうか。

5 証拠保全ツールに求められる機能要件

証拠保全ツールには、ハードウェアベースとソフトウェアベースのものがありますが、証拠保全ツールとして求められる機能には、以下のものが挙げられます。

各種インターフェースへの対応（変換アダプタ使用も含む。）

コピー元ハードディスクのインターフェース（規格）や物理的なサイズにはいくつかの種類がありますので、変換アダプタの使用も含め、可能な限り多くの種類のハードディスクに対応可能である必要がありますが、最低限、図19に記すIDE（ATA）とSATAへの対応が可能であることが望まれます。

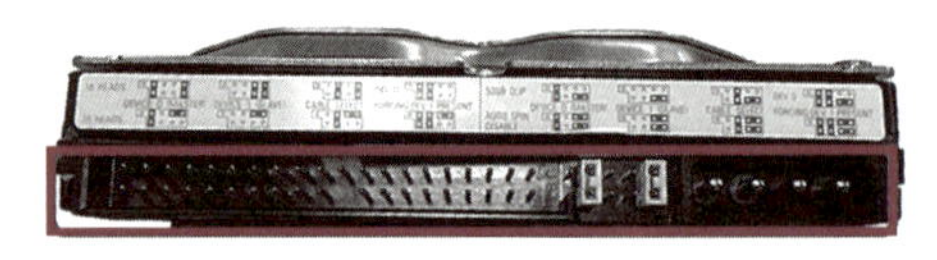
IDE (ATA)

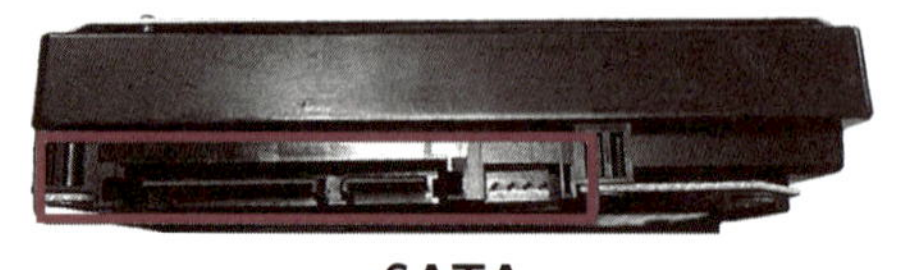
SATA

図19　ハードディスクインターフェース例

また、サーバやストレージ用途に用いられるハードディスクが対象となることを想定するならば、SCSI、SAS、ファイバーチャネルといったインターフェースへの対応も考慮する必要があります。

データ複製機能

3.3.2項で記した、フォレンジックコピー（シングルキャプチャ／物理イメージファイルコピー）が可能であることが求められますが、ソフトウェアベースの証拠保全ツールでは、シングルキャプチャが行えないものがほとんどです。

なお、作成可能な物理イメージファイル形式は、最低限、3.3.3項で記した、**Linux DD（Raw dd）イメージファイル形式**と**EWF-E01イメージファイル形式（EnCaseイメージ）**の作成が可能であることが望まれます。

データ上書き消去機能

4.1.1項で記した、コピー先ハードディスクのデータ上書き消去を行うために、必要な機能です。

データ上書き消去機能を持つツールは、ソフトウェアベースのものにもありますが、ハードウェアベースのものの方が処理速度は速く、作業に要する時間も短時間で済むため、作業効率面から考えた場合、**ハードウェアベースによるデータ上書き消去**を選択するべきでしょう。

なお、データ消去方式には様々な種類がありますが、以下に挙げる消去方式が選択可能であることが望まれます。

- DoD（DoD 5220.22-M）
- Gutmann
- NATO
- NSA
- Secure Erase
- 上書き回数指定消去

書き込み防止機能

図 11 で記したように、コピー元ハードディスク内データは、証拠保全ツールを介してコピー先ハードディスクにコピーされますが、ハードウェアベースの証拠保全ツールには書き込み防止機能が実装され、原本であるコピー元ハードディスクに対し、読み込み専用（Read Only）状態での接続（アクセス）となることが求められます。

ソフトウェアベースの証拠保全ツールにおいては、ソフトウェアレベルでの書き込み防止機能が実装されているものもありますが、書き込み防止装置を用いて、コピー元ハードディスクを接続する場合もあります。

隠し領域解除機能

ハードディスクには、HPA（注15）や DCO（注16）と呼ばれる設定により、ディスク領域（容量）を変更された状態のものがありますが、そのような領域はユーザアクセスが不可能な領域としてハードディスク上に存在し、使用方法によっては意図的にデータを隠すことが可能な領域です。

そのため、このような領域設定を解除し、オリジナルのハードディスク領域のコピーを可能とすることが求められますが、ソフトウェアベースの証拠保全ツールにおいては、当該機能を有していないものがほとんどであり、領域設定を解除可能な別のツールが必要となります。

ハッシュ検証（同一性検証）機能

コピー元ハードディスクデータと複製データの、ハッシュ値による同一性検証が可能なことが求められます。

同一性検証に用いられるハッシュ値は、同時に複数のアルゴリズム（MD5 ／ SHA-1 ／ SHA-2 等）を適用できることが望まれますが、同一性検証結果については、結果の一致／不一致にかかわらず、コピー元ハードディスクデータと複製データのそれぞれのハッシュ値が、算出／表示される必要があります。

なお、ハードウェアベースの証拠保全ツールでは、単体ハードディスクに対してのハッシュ値算出や、ハードディスクの先頭から任意の領域サイズ（セクタ数）を指定した、特定領域サイズのハッシュ値算出が可能なものもあります。

不良セクタ（バッドセクタ）対応

コピー元ハードディスクに不良セクタが存在する場合、当該箇所へのアクセスをスキップし、コピー先ハードディスクには「0」等の代替値を記録することで、複製データの総容量（セクタ数）を同じにすることが可能となる機能です。

不良セクタが存在するハードディスクのデータコピーでは、厳密には完全な複製とはなりません。そのため、不良セクタが存在したことを示すものとして、証拠保全ツールが生成する作業ログには、スキップされたセクタの位置とサイズが記録されている必要があります。

（注15）**HPA：Host Protected Area（ホスト保護領域）**
通常のファイルシステムや OS からではアクセスできない、隠匿され領域 HDD 上に直接作成する仕組み。

（注16）**DCO：Device Configuration Overlay（装置構成オーバーレイ）**
システムを変更することで、ファイルシステム若しくは OS 上で指定したセクタ（又は容量）のみ表示される仕組み。

作業ログ／監査証跡自動生成機能

証拠保全ツールには、**作業ログを「自動生成」すること**が求められますが、自動生成される作業ログには、以下に挙げる情報が記載されていることが望まれ、自動生成されたログは、ファイルとして出力可能であることも望まれます。

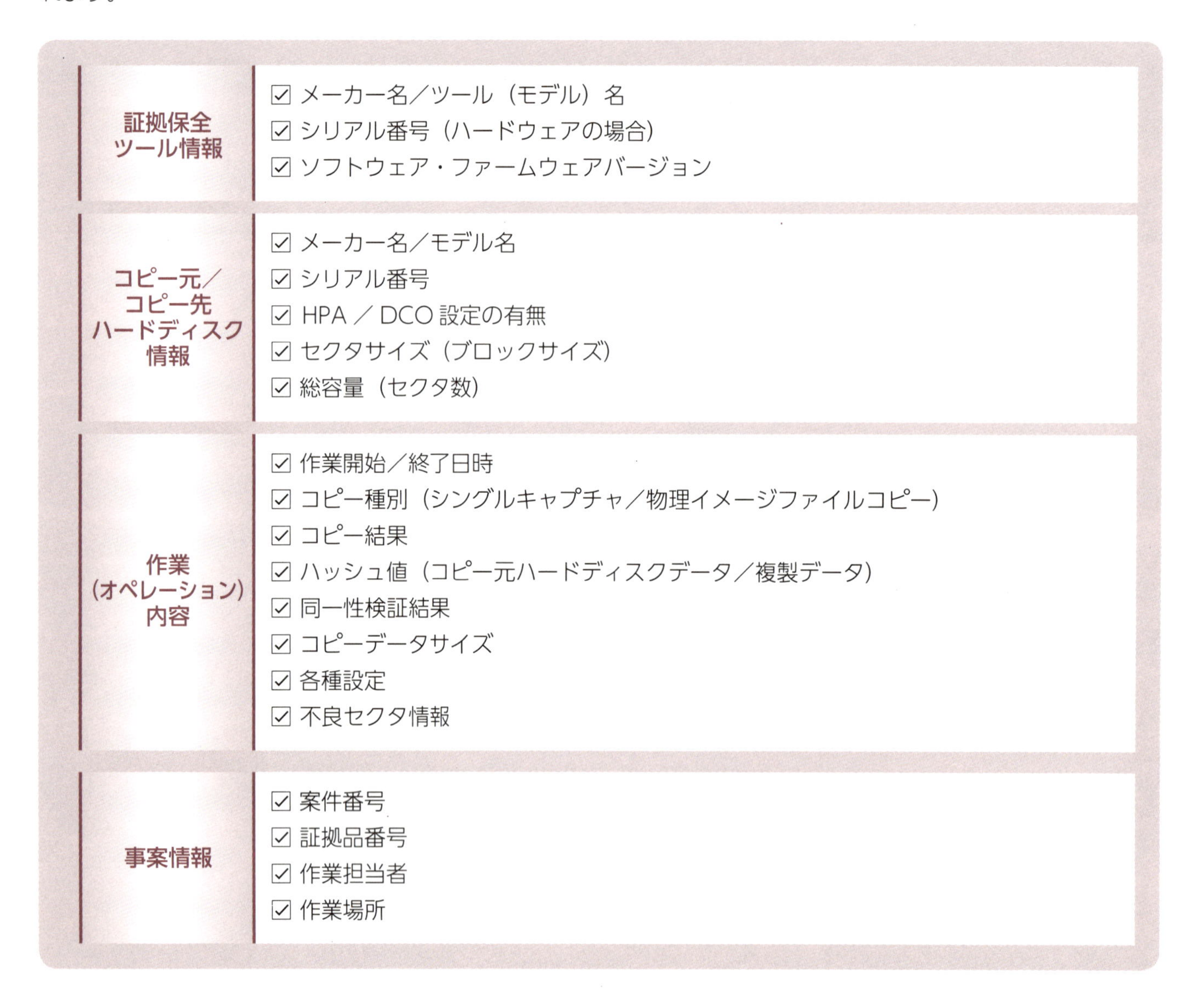

証拠保全ツール情報	☑ メーカー名／ツール（モデル）名 ☑ シリアル番号（ハードウェアの場合） ☑ ソフトウェア・ファームウェアバージョン
コピー元／コピー先ハードディスク情報	☑ メーカー名／モデル名 ☑ シリアル番号 ☑ HPA ／ DCO 設定の有無 ☑ セクタサイズ（ブロックサイズ） ☑ 総容量（セクタ数）
作業（オペレーション）内容	☑ 作業開始／終了日時 ☑ コピー種別（シングルキャプチャ／物理イメージファイルコピー） ☑ コピー結果 ☑ ハッシュ値（コピー元ハードディスクデータ／複製データ） ☑ 同一性検証結果 ☑ コピーデータサイズ ☑ 各種設定 ☑ 不良セクタ情報
事案情報	☑ 案件番号 ☑ 証拠品番号 ☑ 作業担当者 ☑ 作業場所

作業ログは手作業で作成することも可能ですが、手作業で作成されたログには、**記載ミスや「改ざんの可能性の疑義」**が生じかねないため、真正性の弱さが否定できません。一方、証拠保全ツールにより「自動生成」されるログは、ログファイル自体の**タイムスタンプ**や、ログファイルそのものの**ハッシュ値**を算出しておくことで、**その真正性（不変性）を担保する**ことにもつながります。

6 証拠保全方法の選択

4 項では、パソコン筐体からハードディスクを取り外してコピーを行う、「ディスク to ディスク」のコピー方法を例に取り、証拠保全作業の流れと全体像を解説しましたが、証拠保全方法にはいくつかの種類があり、**「証拠保全対象の形態」と「証拠保全対象の状態」との関係性**によって、使用するツールも異なります。

図 20 は、ハードディスクや USB メモリ等の外部記録媒体に対する、証拠保全方法の選択フローを簡易的に記したものになりますが、このようなフローを用いることで、**各媒体に適用可能な証拠保全方法の選択／切り分けを行う**ことが可能です。

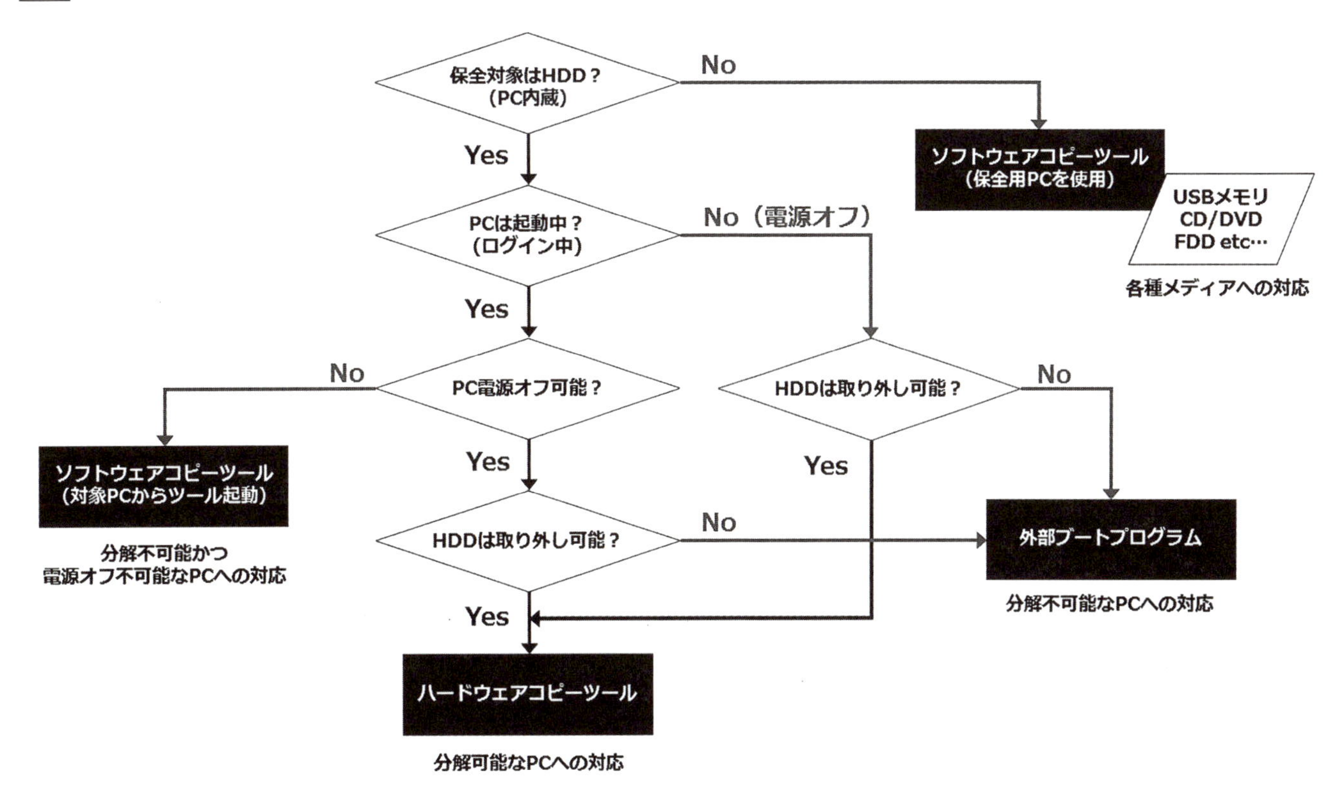

図 20　証拠保全方法の選択フロー例

図 20 で記した証拠保全方法の用途を大別すると、以下のようになります。

6.1 ハードディスクの取り外しが可能なパソコンへの対応

4 項の図 11 で例として記した、ハードウェア証拠保全ツールを用いた証拠保全方法になりますが、ハードウェアベースでのコピーが可能なためコピー速度が速く、**ハードディスクパスワードや暗号化が設定されていないハードディスク**に対して、適用を真っ先に検討すべき証拠保全方法です。

しかし、コピー元ハードディスクとコピー先ハードディスクのハードウェア証拠保全ツールへの接続を逆にしてしまうと、コピー元ハードディスクにデータを書き込んでしまうこととなるため、注意が必要です。

6.2 ハードディスクの取り外しが困難なパソコンへの対応

CD 等からの外部ブート可能なプログラムを用い、パソコン内蔵ハードディスクは起動させるものの、OS は起動させずにハードディスク内データをコピーする証拠保全方法で、ハードウェア証拠保全ツールにオプション設定されているものや、ソフトウェアベースとして配布されているものもあり、フォレンジックコピーが可能となる証拠保全方法ですが、ハードウェアベース単体でのコピーと比較するとコピー速度が遅く、コピー完了までに時間を要するデメリットがあります。

この証拠保全方法で注意すべき点は、**証拠保全対象パソコンのブートオーダー（起動順）の変更が必要となること**で、外部ブートによるパソコン起動では、パソコンのブートオーダーで内蔵ハードディスク（OS インストールディスク）よりも、外部デバイスの起動順が上位になっている必要があります。

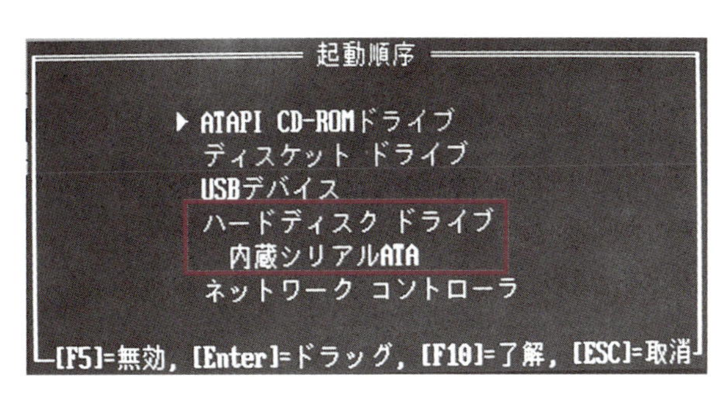

図 21　BIOS 画面例

図 21 では、内蔵 CD-ROM ドライブが起動順の最上位に設定されていますが、その起動順はパソコンによって異なるため、この方法による証拠保全を行う場合には、事前に証拠保全対象パソコンの **BIOS 設定**でパソコンのブートオーダーを変更し、外部デバイスの起動順を上げておく必要があります。

しかし、この作業では必然的にパソコンの電源をオンにすることとなるため、電源投入後の BIOS 起動に手間取ってしまうと、BIOS 画面への遷移が行われずに OS が起動する可能性が非常に高くなるため、慎重かつ迅速な操作が必要となります。

BIOS 起動方法は、パソコン起動後にメッセージが表示され、F1 ／ F2 キーや Del キーの押下等が多いようですが、BIOS 起動方法は同一メーカーであっても、型番やモデルが異なると BIOS 起動方法も異なることがあるため注意が必要ですが、事前の情報収集において証拠保全対象パソコンのモデル名が判明していれば、インターネット上で調べることで、当該パソコンでの BIOS 起動方法が判明するかもしれません。

証拠保全終了後は起動順を元の設定に戻す必要があるため、**変更前の設定は写真撮影したりメモに残しておくこと**が重要です。

なお、BIOS 画面へ遷移できれば、**4.1.4 項**で記した BIOS 日時も確認可能となります。

また、Windows 8 以降の OS を搭載したパソコンでは、BIOS に代わるファームウェアとして、**UEFI（Unified Extensible Firmware Interface）**を採用したものが多くなっていますが、UEFI 画面の起動は従来の BIOS 起動時の操作とは異なり、Windows ログイン後に UEFI 画面を起動させディスクの起動順を変更する必要があり、その手順も画面遷移やパソコンの再起動が何度か必要となりかなり複雑です。

なお、UEFI モードでは、**セキュアブート**と呼ばれる機能により、外部デバイスからの起動プログラム（外部ブート）による起動が不可能な設定になっている場合もあり、そのような場合にはセキュアブートの設定を無効に変更することが必要となる場合もあります。

6.3 ソフトウェアによる証拠保全／データコピー

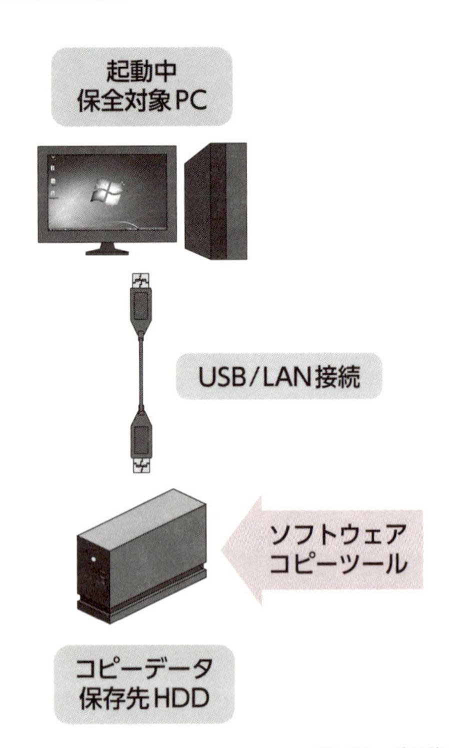

1 コピー先 HDD を保全対象 PC に接続。
2 保全対象 PC から、コピー先 HDD 内のコピーツールを起動。
3 コピー先 HDD をコピーデータ保存先に指定しコピーを実施。

ポイント

- コピーツールとコピーデータ保存先は、別のパーティションに格納。
- コピーデータの転送速度は、保全対象 PC との接続インターフェースに依存。
- 保存先 HDD を「RAID1(ミラーリング)」とすることで、「1 対 2」のコピーが可能。

図 22　起動中パソコンでの証拠保全例

図 22 は、起動中パソコンに対する証拠保全方法を簡易的に記したものですが、電源オフが困難なパソコンや、ハードディスクパスワードや暗号化等のセキュリティ回避のため、止むを得ずパソコンが起動した状態から物理イメージファイルコピー対応が必要となる場合に、フォレンジックソフトウェアを用いた証拠保全方法となります。

この証拠保全方法を適用する場合、最も注意すべき点は、「**証拠保全対象パソコン実機を操作する**」ということです。このことは、証拠保全作業者側のアクションが、必然的に証拠保全対象パソコンに記録されてしまうこととなるため、**データの改変が不可避である**ということに他なりません。そのため、このような点について疑義が唱えられる可能性に備え、そのコピー方法を選択した理由を明確にし、**作業内容や証跡を克明に記録しておく**必要があります。

また、容量が比較的小さい USB メモリや SD カード等、パソコンに接続可能な外部記録媒体の証拠保全にも、この証拠保全方法が用いられます。

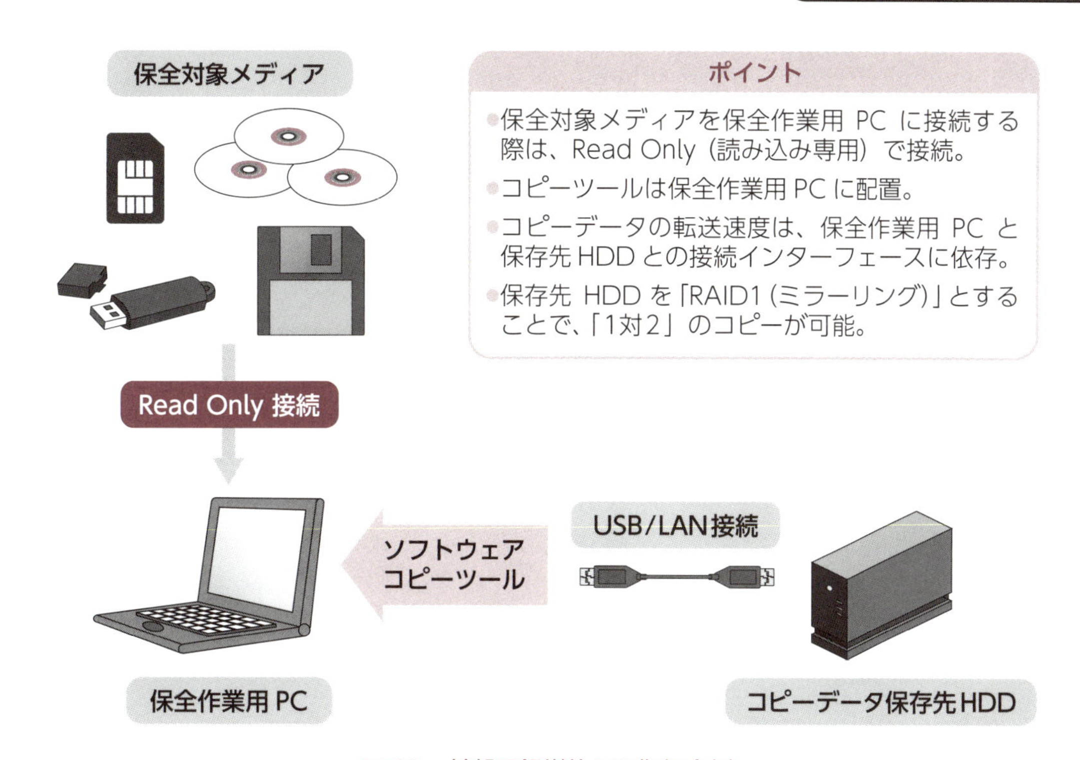

図 23　外部記録媒体の証拠保全例

図 23 は、CD/DVD や USB メモリ等、外部記録媒体の証拠保全方法を簡易的に記したものですが、この証拠保全方法の大きな特徴は、フォレンジックソフトウェアを起動可能な、証拠保全作業用パソコンを用意しておく必要があるという点です。

外部記録媒体そのものは静的状態で存在しているものであるため、**図 22** で記した起動中パソコンに対する証拠保全方法よりも、難易度が比較的低い証拠保全方法といえます。また、媒体によっては、CD-R や DVD-R のように保存済みデータへの変更が不可能なものや、フロッピーディスクや SD カードのように物理的な書き込み防止スイッチが実装されているものも多く、不意なデータ改変（書き込み）を回避することが比較的容易であることも特徴の一つです。

しかし、データの消失や改変は、どのようなタイミングで生じてしまうのかの予測は不可能であるため、これら各種メディアを証拠保全作業用パソコンへ接続する際には、**可能な限り書き込み防止装置（措置）を介して接続するべきであり、そのような機能を有するツールを保有する**ことも重要です。

これらソフトウェアベースによる証拠保全は、ハードウェアベースでのコピーと比較するとコピー速度が遅く、コピー完了までに時間を要することと、シングルキャプチャの作成が不可能であるというデメリットがあります。

6.4 ファイルレベルでのデータ取得について

事案によっては、何らかの理由により、フォレンジックソフトウェア以外のコピー方法による、稼働中パソコンからのファイルレベルでのデータ取得となる場合があります。

その場合、ライブ状態の原本データへのアクセスが発生することとなるため、タイムスタンプの改変が避けられない場合がありますが、パソコン上でのコピー＆ペーストによるデータコピーは「最終手段」と考えてその適用は極力避け、Robocopy コマンドを用いるなど、**可能な限りタイムスタンプを維持し、かつ、データの改変が発生しないコピー方法を適用する**ことが重要となりますし、ファイルタイプによっては、ファイルを開いただけでハッシュ値が異なってしまうものもあるため、**必要のないファイルアクセスも極力避ける**必要がありますが、このような事象を避けるコピー方法としては、フォレンジック専用ソフトウェアを用いた、**論理イメージファイル形式**でのデータコピーも検討すると良いでしょう。

また、パソコン上でのコピー＆ペーストや Robocopy コマンドでのデータ取得に際しては、**作業ログは自動生成されない**ことに注意が必要です。

Robocopy コマンドの場合には、LOG オプションを付与することでログを作成することは可能ですが、コピー＆ペーストの場合においては、細かな作業一つひとつに対して、スクリーンショットを保存したり作業内容をメモに残したりと、**意識的に記録を残す**ようにしなければ、作業履歴（証跡）としては弱いものとなりかねません。

加えて、ファイルレベルでのデータ取得の場合、原則、コピー元データとコピー後のデータのいずれに対してもハッシュ値の算出は自動的には行われず、同一性検証も行われないため、ファイルレベルでのデータ取得を行う場合には、フリーツールとして入手可能なハッシュ値算出ツールを用いて、**意図的にコピー元データとコピー後のデータのハッシュ値を算出し、補完的作業としてデータの同一性検証を行う**必要があります。

このように、ファイルレベルでのデータ取得は、原本性や同一性、真正性が低くなることが避けられないため、作業履歴（証跡）として、コピー元データ（データ群）／コピー後データ（データ群）の双方に対して、以下に挙げる情報の取得を検討するべきです。

- ☑ プロパティ画面でのファイル数とファイルサイズの記録
- ☑ コマンドやツールを用いたファイル一覧リスト作成
- ☑ フリーツール等を用いたハッシュ値算出とリスト形式での保存
- ☑ コピー元データとコピー後データとの同一性検証結果

しかし、ライブ状態からのデータコピーでは、細心の注意を払ってもコピー元とコピー後のファイル数やファイルサイズが合致しないケースも多々あります。

特に、共有ファイルサーバからのデータコピーでは、証拠保全作業者以外のユーザからコピー対象としたデータへのアクセスがあり、データコピー実行中にファイル更新や移動、削除が行われてしまった結果、コピー先ハードディスクにはコピーされるはずだったファイルがコピーされていなかったり、プロパティ画面で記録したファイルサイズに差異が生じてしまったりすることがありますが、共有ファイルサーバとしての役割に鑑みた場合、このような事象を完全に防ぐことは非常に困難であることから、**ライブ状態からのデータコピーは「ベストエフォート」ならざるを得ないデータ取得方法である**と捉えるべきでしょう。

7 揮発性情報の取得について

デジタルデータが格納／展開される場所には、記録媒体の性質を要因とした揮発性の高低がありますが、パソコンの電源をオフにしてしまうと取得不可能となってしまうデータ（情報）を**揮発性情報**と呼んでいます。

昨今のフォレンジック調査では、メモリやプロセス、通信状況を解析し、マルウェア等のウィルス感染による挙動の一端を探し出すなど、稼働中パソコンの動的情報の解析が必要とされる場面が増加傾向にありますが、その解析対象となる揮発性情報の取得には、ここまでに解説してきた証拠保全ツール（注17）や証拠保全方法とは、全く異なるツールや手法を用いる必要があります。

ここでは、代表的な揮発性情報（動的情報）の概要と、取得方法について考察します。

メモリダンプ

パソコンのメモリ上に展開されている情報を取得する場合には、メモリダンプと呼ばれるデータ取得方法を用います。

メモリダンプツールには、シェアウェア／フリーウェア共に多くのツールがありますが、ツールによってデータの取得範囲（量）が異なるため、複数のツールを用いたメモリダンプ実施が望まれます。

また、メモリダンプツールによって取得されたダンプファイルの他に、Windowsが出力するコアダンプ（注18）やハイバネーション／ページファイル（注19）もメモリ情報の一つであるため、調査／解析時においては有効な情報となり得ます。

qwinsta コマンド

全てのセッションが表示され、ログイン中のユーザ名も表示されます。

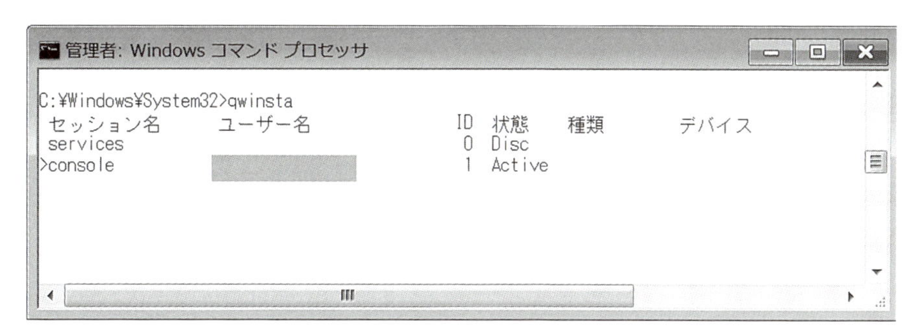

図24　qwinsta コマンド実行例

（注17）一部ソフトウェアベースの証拠保全ツールには、メモリダンプ機能を実装しているものもあります。
（注18）コアダンプの出力先は、デフォルトで「%SystemRoot%¥MEMORY.DMP」となっており、静的状態の証拠保全データから、コアダンプを取得できる可能性があります。
（注19）ハイバネーション (hiberfil.sys) ／ページファイル (pagefile.sys) の標準の保存場所は「root（C ドライブ）直下」となっており、静的状態の証拠保全データから、これらファイルを取得できる可能性がありますが、ハイバネーション (hiberfil.sys) は、Windows の設定によっては存在しない場合もあります。

tasklist コマンド

Windows で実行中のタスクを表示します。後述するタスクマネージャーのアプリケーションタブに表示されないタスクも表示することが可能です。

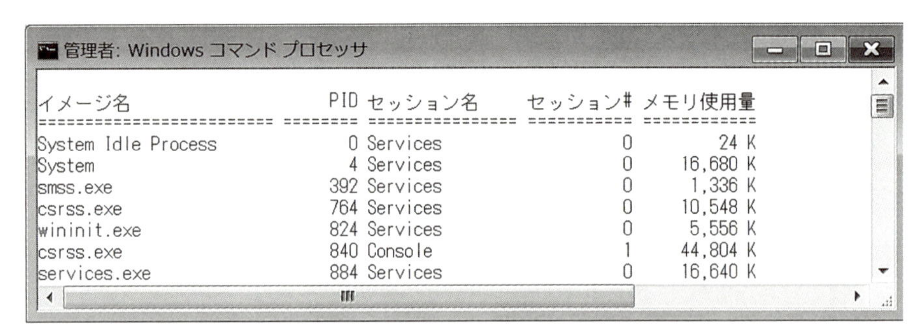

図 25　tasklist コマンド実行例

netstat コマンド

通信中の TCP コネクションの状態を表示させることが可能で、このコマンドを実行すると、ローカルマシンの TCP/IP プロトコル・スタック上において、現在アクティブになっている TCP 通信（コネクション）の状態を表示することが可能となります。

また、様々なオプションを付加することも可能で、待ち受け状態のポートやプロセス ID の取得も可能です。

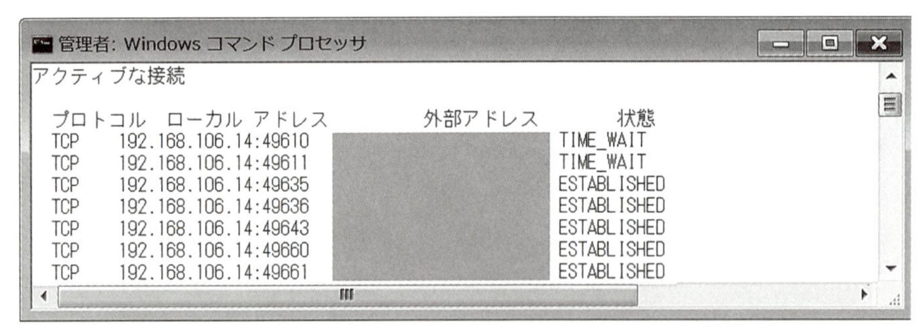

図 26　netstat コマンド実行例

タスクマネージャー

Windows OS に実装された、プロセス管理機能を持っているソフトウェアです。コンピュータ上の実行中のファイルやプログラム、プロセス等をタブで分類表示することが可能で、タブ画面の情報をスクリーンショット等で保存し、調査／解析に用います。

アプリケーションタブ

起動中のアプリケーションの一覧を表示します。画面内のタスクを選択し右下の切り替えボタンを押下すると、開いているアプリケーションに移動することが可能となっています。
また、右クリック→プロセスの表示でプロセスタブに遷移し、そのアプリケーションがどのプロセスで動いているか、どのユーザが使用しているかを確認することも可能です。

プロセスタブ

稼働中プロセスが一覧表示され、64 ビット Windows では、32 ビットのプロセスには「*32」という表示が付与されます。
イメージ名、CPU 使用率、メモリ使用量等でソートし、挙動の怪しいプロセスを探し出していきます。
また、「全ユーザのプロセスを表示する」を選択すると、今ログインしていないユーザの稼動しているプロセスも確認することが可能なため、バックグラウンドで起動しているプロセス等を確認することも可能です。

サービスタブ

サービスごとのプロセス ID（PID）が表示され、サービスの状態や説明などはこのタブで見ることが可能です。
また、サービス名上で右クリックすることで、プロセス表示することが可能なものもあります。

パフォーマンスタブ

CPU の処理能力の何パーセントを使用しているか、CPU はいくつあってそれぞれの使用率がどのようになっているか、メモリの利用状況等を把握することが可能です。
例えば、「稼動プロセスとしてはメモリや CPU が使用過多では？」等の情報を元に、不正なプログラムの挙動を確認できる可能性があります。

ネットワークタブ

LAN（Local Area Network）等、ネットワークアダプターの利用状況を確認することが可能です。

ユーザータブ

現在 Windows にログインしているユーザを確認することが可能です。

リソースモニタ

プロセスやメモリ、ディスク、ネットワークなどの動作状態を、タスクマネージャーよりも詳細に知ることが可能で、タスクマネージャーのパフォーマンスタブから、リソースモニターボタンを押下することで起動します。

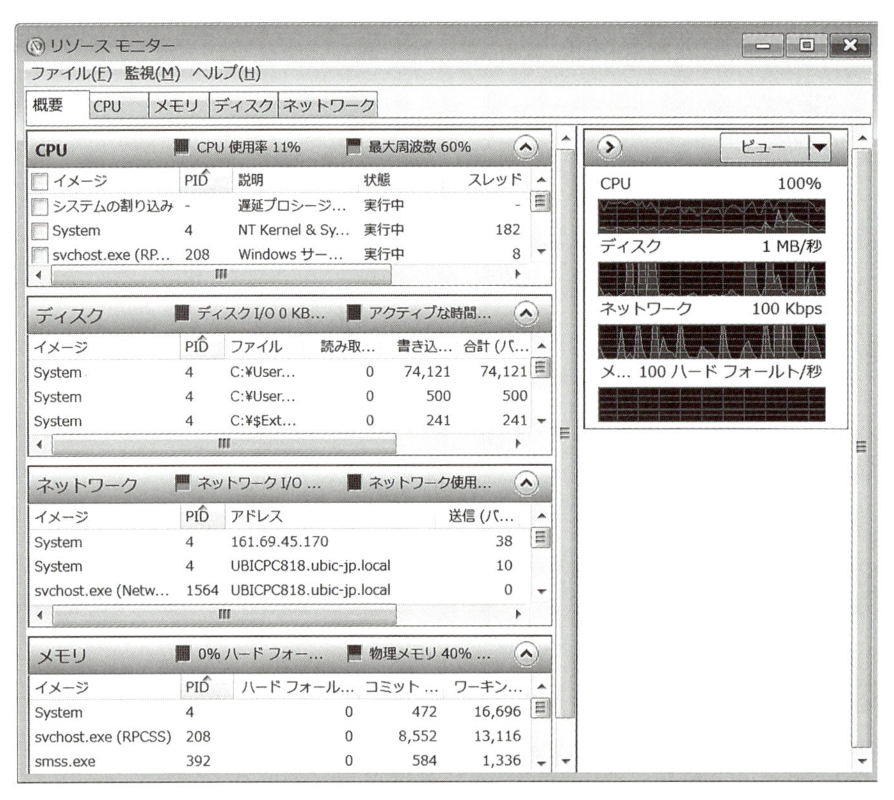

図 27　リソースモニタ表示例

LAN アナライザー（パケットキャプチャー）

ネットワークの障害発生時の切り分け作業や、通信回線上を流れるトラフィック監視や、パケットを取得しデータとして確認する等、トラブル対応時にも使用されるツールで、その機能の特徴から動的情報を取得するためにも用いられています。

揮発性情報（動的情報）の取得／確認には、上記ツール以外にも、Windowsのトラブルシュートツール群であるSysinternalsに収められている、「TCPView」や「Process Explorer」といった非常に優れたツールもありますが、これらツールを介した揮発性情報の取得では、CSV形式やテキスト形式、スクリーンショットでの意識的な情報の保存が必要となるものも多く、作業が煩雑になりがちです。

また、本項で記したいくつかの情報をはじめ、揮発性情報と呼ばれるものには、看過できない大きな特徴が二つあります。

まず、1つ目の特徴として、「**取得した揮発性情報は取得時点のスナップショットである**」という点が挙げられますが、このことは、取得した情報の中には「欲しい情報が含まれていない可能性がある」ということです。

次に2つ目の特徴として、「**再現性が極端に低い**」という点が挙げられますが、これは、わずか数分の間隔で同じ情報を再度確認したとしても、その数分間でパソコン上の通信状況やプロセス状況は大きく変わり、「数分前と同じ状況（状態）となることがほとんどない」ということです。

これら2つの特徴から、揮発性情報の取得では「**情報不足を甘受する**」ことを前提とした情報取得作業となることを十分に理解する必要があり、情報不足となることを考慮した場合、**時間を空けた複数回での揮発性情報取得を検討する必要がある**ということになります。

加えて、揮発性情報取得には、大きな2つのリスクと隣り合わせであることに注意しなければなりません。

1つ目のリスクは、揮発性情報取得作業を行えば行うほど、調査側自身の手で調査対象パソコンの「**汚染を繰り返してしまう**」ことですが、このことは、調査に重要となるパソコン内データや情報に、必然的に変更を生じさせてしまったり、不必要なデータの上書きを生じさせてしまったりする可能性が高まるということです。

次に2つ目のリスクは、「**被害が継続／拡大する可能性がある**」ということですが、揮発性情報取得作業はパソコン稼働中に行うものであるため、もしもウィルスの活動や外部からの不正アクセス、情報流出といった不審な挙動が考えられる場合、パソコンの稼働継続中は、それら不審な挙動が継続可能な環境を提供していることと同じであり、被害が継続／拡大してもおかしくない状況であるといえ、実事案においては、これら2つのリスクを犯してまで揮発性情報を取得することの必要性を十分に検討し、実施要否の判断は慎重に行う必要があります。

また、別の問題としては、揮発性情報はデータセットによる「**静的なファイルとして存在していないもの**」という点が挙げられますが、これが何を意味するのかというと、元々取得（コピー）元データとして存在していないため、「コピー元データのハッシュ値」という概念が通用しません。また、取得後の情報（データ）においても、本来ファイルの体裁をなしていないものを、「スクリーンショット」や「保存」という形で可視化可能な状態にしたものであるため、「コピー元とコピー先の同一性検証」のためのハッシュ値算出を行ってもその意味合いに欠け、あまり価値のないものとなってしまうのかもしれません。

唯一言えることは、**可視化可能な状態となった揮発性情報の「取得後の不変性」を、ハッシュ値により証明可能ということ**であり、揮発性情報を取得したタイミングが、調査／解析作業における、その揮発性情報の起点となるということです。

ただし、同一性検証の意味合いに欠けるとはいえ、フォレンジック調査の結果、事案解決のための重要な情報（証拠）となり得るものであるため、**揮発性情報取得時の作業履歴（証跡）は、記録として確実に残しておく**必要があります。

8 モバイル端末のデータ取得について

ここまで本書では、ハードディスク内データやUSBメモリ等の外部記録媒体の証拠保全について解説してきましたが、昨今の調査事案で登場しない事案はない、といえるほどに出現頻度高い記録媒体が、スマートフォンに代表される**モバイル端末**です。

モバイル端末のデータ取得を、ハードディスクやUSBメモリ等の外部記録媒体の証拠保全と比較した場合、その取得方法のほとんどが、**モバイル端末専用のソフトウェアベース**によるものとなります。

しかし、モバイル端末からのデータ取得方法が統一／確立されていない現状に加え、各端末メーカーやアプリ開発メーカーの開発速度も速く、同一モデルでもキャリアが異なると認識できないものや、OSバージョンによっては同じ取得方法が適用できない場合もあることに加え、ソフトウェアごとに対応機種や取得可能なデータの種類も異なるため、何がどれくらい取得可能なのかも明確ではなく、後手に回った対応となっていることは否めません。

このような環境下にあるモバイル端末ですが、証拠保全対象物品として考えた場合、どのような点に注意すべきなのか、又は、何が問題点なのかを考察してみましょう。

8.1 初動対応での注意点

モバイル端末であっても、電子記録機器媒体としての取扱いは、パソコンやUSBメモリ等の記録媒体類と変わりませんが、モバイル端末が持つ特徴から、物品の押収／回収直後には、以下に挙げる行動を取ることが重要です。

ネットワークからの隔離	☑ 機内 (Airplane) モードをオンにする。 ☑ Wi-Fi 、Bluetooth 機能をオフにする。 ☑ 電波遮断シールドボックスや、電波遮断袋にモバイル端末を格納する。
セキュリティコード（パスコード）の入手	☑ 比較的単純な4桁のセキュリティコードの場合、使用するモバイル端末専用ソフトウェアによっては、クラックが可能な場合がある。 ☑ 所有者又はシステム部門等の端末管理者から、スライドパターン（パターンコード）を入手する。
USB Debuggingの設定変更（Android）	☑ Android端末の場合、USB Debuggingをオンにする。 ※オフのままではデータ取得が困難 ☑ USB Debuggingは設定画面からオンにすることが多いため、実質的に端末アンロックが必須となる（セキュリティコードが必須となる。）。

8.2 データ取得方法

モバイル端末からのデータ取得方法には、以下に記すものがありますが、その難易度には差があります（難易度表記の値は、数字が大きいほど難易度が高くなります。）。

図 28　データ取得難易度の概念

マニュアル（手動）取得：難易度 1

端末画面のスクリーンショットや写真撮影したものを、取得データとして適用する方法で、実機画面上で描画される情報がそのまま取得データとなるため目視での判別は容易ですが、手作業が多く非効率的な取得方法といえます。

Android OS のバージョン 7.0 以降では、この方法がメインの取得方法となっていますが、実機操作が必須となるため、**パスコードやパターンコード等のセキュリティをクリアし、画面ロックを解除する必要**があります。

論理取得（Logical）：難易度 2

データ取得プログラムが OS にデータ抽出をリクエストし、抽出可能となったデータを取得する方法で、取得可能なデータはライブデータのみとなり、「**iTunes バックアップ**」や「**ADB バックアップ**」と同等のデータ取得メソッドです。

物理取得（Physical）：難易度 3

OS を利用せずに端末のフラッシュメモリ内データを取得する方法で、メモリ全領域が取得対象となり、OS を介す必要がないためパスコードやパターンコード等のセキュリティロック解除の必要がありません。

ファイルシステム、全アプリデータ、削除済みデータの取得が可能で、「**DFU モード**」や「**ダウンロードモード**」と同等のデータ取得メソッドとなり、データは**バイナリ形式**で取得されるため、可視化には**デコード**する必要があります。

なお、近年の端末のセキュリティ強化により、物理取得が実行できる端末は少なくなってきています。

JTAG（注20）：難易度 4 ／ Chip-Off：難易度 5 ／ Micro Read：難易度 6

何かしらの要因でモバイル端末が起動しない場合、高度な技術と専用機器によるこれら方法を用いることで、メモリチップからデータを取得することが可能となりますが、基盤や内蔵されたメモリチップを直接取り扱うこととなるため、**端末の分解が必要**であり、筐体の現状復帰が非常困難となる危険性を伴います。

これらデータ取得方法において、端末の分解を伴う JTAG ／ Chip-Off ／ Micro Read が用いられるケースは多くないのではと考えられ、かつ、iOS ／ Android 共に物理取得可能な端末がほとんど見られなくなっている現状であることから、実事案におけるモバイル端末のデータ取得では、**論理取得方法によるデータ取得**が多く用いられているようです。

しかし、前記のとおり、ソフトウェアごとに取得可能なデータが異なるため、**可能であれば複数のツールを用い、網羅性を持ったデータ取得を心掛けるべきである**といえますし、同一端末であっても、物理取得と論理取得が可能な端末である場合、物理取得と論理取得の両方のデータ取得を行うべきです。

（注20）JTAG はモバイル端末のリペアにも用いられる手法のため、これら手法の中では比較的容易なデータ取得方法となり、現状復帰が可能となる場合もあります。

8.3 データの格納先

モバイル端末のデータはフラッシュメモリだけではなく、様々な場所に格納（保存）されていますが、ユーザが保存したファイルや連絡先等、データの種類によっては複数の場所にデータが格納（保存）されている場合もあるため、**より多くのデバイスからのデータ取得を考慮すること**が望まれます。

ユーザの使用環境によっては、クラウド上やパソコン上に、データやバックアップファイルが保存されている場合もあり、それらデータの取得要否も検討が必要です。

また、機種変更や解約により、メイン端末として使われなくなった端末でもデータ保存は可能ですし、機種変更後も Wi-Fi 通信可能なアプリケーションもあります。

そのため、多くのデータが古い端末に保存されている可能性があり、古い端末からのデータ取得も有効な場合があることから、**押収／回収現場では古い端末の確保を検討することも重要**です。

端末本体	SIM カード	SD カード
クラウド	バックアップファイル	旧端末

図 29　データ格納先例

8.4 モバイル端末データのハッシュ値

7項では、揮発性情報のハッシュ値の価値について記していますが、モバイル端末のデータも揮発性情報と似たような特徴を持っています。

多くのモバイル端末では、OSやアプリケーションがバックグランドでアップデート（更新）を行っており、電話やメール、SNSアプリケーションの多くは常時通信可能な状態を保っています。そのため、1時間前と現在とでは、端末内のデータが大きく変化している可能性が非常に高いと考えられ、仮に同一端末に対して時間差で物理取得が行えたとしても、デバイスレベルでのハッシュ値の一致は期待できないですし、データベース（DB）等のファイルレベルでのハッシュ値の一致も、過度の期待はしない方が賢明でしょう。

このような特徴は、**モバイル端末データの同一性の維持／確保が非常に困難であること**を意味します。それは、**時間経過と共に、証拠となり得るデータや情報の発見や取得が困難になっていくこと**に直結し、静的データでの同一性維持と比較した場合、より短時間でその状況に陥ってしまう可能性があるということです。

しかし、フラッシュメモリ内の全データが、揮発性情報と同様の挙動をするものではないため、一部データに関しては、ハッシュ値による同一性証明が有効なものもあると考えられますし、取得後のデータの不変性への考え方も揮発性情報のそれと同様に、モバイル端末データ取得時のタイミングがそのデータの起点となるといえます。

また、作業履歴（証跡）についても、記録として残すという観点からは、揮発性情報のそれと同様の捉え方をするべきです。

9 セキュリティ設定への対応

4.1.5 項で記したように、多種多様な仕組みのセキュリティシステムが設定された、パソコンや USB メモリ等の電子記録機器媒体が増えている現状は、社会的なセキュリティ向上の流れを考えると当然のように思われますが、それらセキュリティ施策がデジタル・フォレンジックに与える影響は、決して小さくないといえるでしょう。

ここでは、実事案で対峙することの多い、代表的なセキュリティ設定について、その概要と問題点を解説します。

9.1 BIOS パスワード（Power-on Password）

マザーボードに組み込まれたソフトウェアの一つに、BIOS というものがありますが、BIOS パスワードは、パソコンの電源をオンにした後に入力を要求します。

BIOS は OS よりも先に起動するソフトウェアであるため、このパスワードを解除しないとパソコンの起動プロセスが進みませんが、パソコン筐体からハードディスクを取り外すことが可能であれば、ハードディスクへの BIOS パスワードの関与がなくなるため、「ディスク to ディスク」でのデータコピーが可能となります。

しかし、取り外したハードディスク全体（若しくは一部）が暗号化されている場合、「ディスク to ディスク」でのコピー方法では、暗号化された部分がそのままの状態でコピーされてしまうため、注意が必要です。

なお、ハードディスクをパソコン筐体から取り外すことが困難である場合や、暗号化データの復号化に OS 起動が必要となる場合には、BIOS パスワードが証拠保全作業の障害となるため、**BIOS パスワード設定の有無を事前に確認し、必要に応じて BIOS パスワードを入手しておくこと**が重要となります。

9.2 ハードディスクパスワード

ハードウェアレベルの認証システムであり、BIOS によって設定されるパスワードとなり、**パスワードを設定したコンピュータでなければハードディスクを認識しない**、という特徴があります。そのため、ハードディスクパスワードが付加されたハードディスクをパソコン筐体から取り外した状態では、ハードディスクへのアクセスができないため、フォレンジック専用の証拠保全ツールであっても証拠保全を行うことができません(注21)。

通常、ハードディスクパスワードを無効化するためには、パソコンにハードディスクを取り付けた状態で、BIOS からのハードディスクパスワード無効化作業が必要となりますが、ハードディスクパスワード無効化後であれば、パソコン筐体からハードディスクを取り外し、ハードウェアベースでの証拠保全が可能となるため、是非とも無効化したいセキュリティですが、BIOS パスワードが設定されているパソコンでのハードディスクパスワード解除（無効化）には、BIOS 画面への移行が絶対条件であるため、**BIOS パスワードの入手**を避けては通れません。

なお、企業内セキュリティポリシー上の理由から、ハードディスクパスワードの無効化が行えない場合には、「ディスク to ディスク」でのデータコピーはあきらめ、OS を起動させたライブ状態から、ソフトウェアベースでの証拠保全方法を適用することとなります。

（注21）ハードディスクパスワードをクラックするツールも存在します。

9.3 ハードディスク（デバイス）暗号化

ハードディスク全体やパーティションレベル、又はUSB等のデバイスに対して暗号化するセキュリティシステムで、一部のWindows OSではBitlocker／Bitlocker To Goと呼ばれる暗号化機能が提供されているほか、シェアウェア／フリーウェア共に多くの種類があり、暗号化の仕組みや**復号化（暗号解除）**の方法も様々です。

暗号化は広義の意味でのデータ書き換えに該当するシステムであり、認証システムを取らないため、ハードディスクをパソコン筐体から取り出しても、そのハードディスクを識別することが可能です。

しかし、このような状態での証拠保全では、コピー元データが暗号化された状態でのデータコピーとなるため、複製データは復号化（平文化）されておらず、内容を解析することはできませんが、暗号化状態でコピーされたデータに対して、復号化の方法が確立されている場合には、例外的に、暗号化されたまま証拠保全を行うこともあります。

また、Windows OSのBitlocker暗号の場合、その他の暗号化が施されていなければ、Windowsへログイン後、パーティション（論理ドライブ）に対し物理イメージファイル形式での証拠保全であれば、当該パーティション（論理ドライブ）は復号化された状態での複製作成が可能となり、複製データの当該パーティション（論理ドライブ）に対しては復元も可能となります。

なお、パーティション（論理ドライブ）単位での証拠保全を適用した場合、コピー対象となったコピー元ハードディスクが、複数のパーティション（論理ドライブ）で構成され、全てのパーティション（論理ドライブ）の証拠保全が求められる場合には、パーティション（論理ドライブ）の数と同じ回数の証拠保全作業が必要となるため、証拠保全漏れがないよう注意してください。

9.4 フォルダ／ファイル暗号化

一部のファイルやフォルダを暗号化するセキュリティシステムで、ハードディスク内全ファイルの暗号化は行わないため、**証拠保全時に平文で確認できるファイルとできないファイルが混在するのが特徴**ですが、当該システムの多くがサードパーティ製ソフトウェアで暗号化を制御しているため、OS を起動し該当ソフトウェアを用いなければ復号化（平文化）は不可能です。

これらソフトウェアには、特定のフォルダを介すなどして、パソコン端末レベルでの復号可能なものもありますが、認証サーバへのアクセスが必要となるものもあるなど、復号化の手順も各ソフトウェアで異なるため、**復号化作業の平易化（統一化）は難しい**ものがあります。

ここまでに解説したセキュリティ設定の中でも、特に注意しなければならないのが暗号化です。暗号化されたデバイスやデータはソフトウェアによって復号の仕組みが全く異なるため、**ツールの特性に応じた復号方法を保全作業の前に確立しておく**必要がありますが、極力控えなければいけない復号方法は、暗号化ソフトウェアのアンインストールです。

暗号化ソフトウェアをアンストールすることで、暗号化されたデータは復号されますが、「暗号化データ削除後に復号化データを新規作成」という仕様のソフトウェアもあるため、暗号化ソフトウェアをアンストールしたハードディスクデータを調査する際には、以下の点に注意してください。

- ☑ 新規作成された復号データの日時情報は復号時の日時情報となるため、タイムライン調査には適さない情報となります。
- ☑ 調査／解析に用いるフォレンジックソフトウェアは非常に優秀であるため、アンストール時の削除データ（削除された暗号化データ）が、予期しないデータ群として大量に復元され、調査に混乱を招きます。
- ☑ 復号データの新規作成 ≒ 未使用領域へのデータ上書きとなる可能性が高く、復元の可能性のあった「元々の削除データ」の復元は不可能となってしまいます。

これら要因から、「**暗号化ソフトウェアのアンストールは最終手段である**」と考えてください。

「セキュリティ設定情報は他人に教えない」が裏目に？

「パスワードは他人に教えない」── 非常に大切なことですが、セキュリティを解除できるのが調査対象者だけで、かつ、非協力的な人物であったら、デジタル・フォレンジックとしては「お手上げ」に近い状態といえるかもしれません。